新世纪高校机械工程系列教材

机械工程材料实验与习题

主　编　初福民
副主编　马中全　吴欣
参　编　林秀珍　鲍英
主　审　魏广升

机械工业出版社

本书为《机械工程材料》一书的配套教材。全书共分两篇，第一篇为机械工程材料实验，包含了八个与课程内容紧密相关的实验。前六个实验为基本的实验，是学生学完机械工程材料后应当必须掌握的基本内容，后两个实验可根据学习情况进行选做。第二篇为机械工程材料习题，这部分内容是根据机械工程材料课程的主要内容，将学生应当掌握的知识要点以多种习题形式反映出来，其中有少部分习题可能超出课程大纲的要求，主要是为了帮助学生进行课程内容的复习、练习和自学提高，也可作为教师出题的参考。

图书在版编目(CIP)数据

机械工程材料实验与习题/初福民主编．—北京：机械工业出版社，2003.1(2023.6 重印)
新世纪高校机械工程系列教材
ISBN 978-7-111-11217-4

Ⅰ.机… Ⅱ.初… Ⅲ.机械制造材料－高等学校－教学参考资料　Ⅳ.TH14

中国版本图书馆 CIP 数据核字(2002)第 090832 号

机械工业出版社（北京市百万庄大街 22 号　邮政编码 100037）
策　　划：高文龙　王世刚
责任编辑：高文龙　版式设计：冉晓华　责任校对：唐海燕
封面设计：姚　毅　责任印制：常天培
北京机工印刷厂有限公司印刷
2023 年 6 月第 1 版第 8 次印刷
169mm×239mm·6.5 印张·121 千字
标准书号：ISBN 978-7-111-11217-4
定价：18.00 元

电话服务　　　　　　　　网络服务
客服电话：010-88361066　机 工 官 网：www.cmpbook.com
　　　　　010-88379833　机 工 官 博：weibo.com/cmp1952
　　　　　010-68326294　金 书 网：www.golden-book.com
封底无防伪标均为盗版　机工教育服务网：www.cmpedu.com

新世纪高校机械工程系列教材编审委员会

顾　　问：艾　兴（院士）

领导小组：

　　张　慧　　高振东　　梁景凯　　高文龙

　　赵永瑞　　赵玉刚

委　　员：

　　张　慧　　张进生　　宋世军　　沈敏德　　赵永瑞　　程居山

　　赵玉刚　　齐明传　　高振东　　王守城　　姜培刚　　梅　宁

　　昃向博　　梁景凯　　方世杰　　高文龙　　王世刚　　尚书旗

　　姜军生　　刘镇昌

前　言

本书为《机械工程材料》一书的配套教材，是机械制造与自动化专业系列规划教材之一。

机械工程材料是机械工程类专业的学生必须掌握的一门知识，本书的目的就是为了满足学生学习机械工程材料的要求，使其通过本课程的学习能够掌握作为一名机械工程技术人员必须具备的机械工程材料方面的基本理论和知识，能够在工程设计中正确、合理地选用材料，正确地进行加工、改性、检验等，培养学生对机械工程材料的应用能力。本书共分两篇，第一篇为机械工程材料实验，包含了八个与课程内容紧密相关并且具有实际应用意义的实验和两个附录。通过这些实验，使学生掌握和了解常用材料的组织、性能和检验，加深对材料的认识。第二篇为机械工程材料习题，这部分主要是针对机械工程材料课程的主要内容，将学生应当掌握的知识要点以多种习题形式反映出来，学生可以通过这些习题，进一步掌握机械工程材料的基本理论和知识，巩固所学内容。

本书的主要特点是，紧紧围绕机械工程材料课程的教学要求，加强针对性和应用性，着重培养学生的动手能力、应用能力和综合能力。在内容上，以满足基本教学要求为主，同时增加了少量具有一定难度和深度的内容，为学生进一步学习和提高以及教师在教材内容处理上留出了一定的空间。各校在使用本教材时，可根据自己的教学特点和教学内容进行取舍和补充。

本书由山东建筑工程学院的初福民编写实验五、附录A、第二章习题、第三章习题和第八章习题，由山东建筑工程学院的马中全编写实验八、附录B、第四章习题、第五章习题，由哈尔滨工业大学威海分校的吴欣编写实验二、实验四、第一章习题、第六章习题、第七章习题，由青岛大学的林秀珍编写实验六、实验七，由山东科技大学的鲍英编写实验三，由马中全和鲍英编写实验一。全书由初福民主编并统稿，由青岛大学的魏广升教授审稿。

本书在编写过程中参阅了许多相关教材等文献资料，山东建筑工程学院材料综合实验室的李成美和许爱民老师为本书提供了大量的金相照片和有关资料，在此一并表示衷心的感谢。

编者
2002年9月

目　　录

前　言

第一篇　机械工程材料实验

实验一　金属材料的硬度实验 ………………………………………………………… 1
实验二　盐类晶体结晶过程及金属铸锭组织观察 …………………………………… 6
实验三　铁碳合金平衡组织的金相分析 ……………………………………………… 9
实验四　碳钢的热处理 ………………………………………………………………… 15
实验五　碳钢热处理后的显微组织观察和分析 ……………………………………… 20
实验六　工业用钢、铸铁、有色合金、粉末冶金的金相组织观察 ………………… 26
实验七　钢的淬透性实验 ……………………………………………………………… 32
实验八　金属的冷变形强化与再结晶对金属组织和性能的影响 …………………… 36
附录 A　金相显微镜及使用 …………………………………………………………… 39
附录 B　金相试样的制备 ……………………………………………………………… 45
附录 C　金属材料常用浸蚀剂 ………………………………………………………… 49
附录 D　压痕直径与布氏硬度对照表 ………………………………………………… 50
附录 E　各种硬度换算表 ……………………………………………………………… 60

第二篇　机械工程材料习题

第一章　工程材料的力学性能 ………………………………………………………… 62
第二章　工程材料的基础知识 ………………………………………………………… 66
第三章　金属的塑性变形与再结晶 …………………………………………………… 71
第四章　钢的热处理 …………………………………………………………………… 73
第五章　金属材料 ……………………………………………………………………… 78
第六章　非金属材料 …………………………………………………………………… 83
第七章　常用机械工程材料的选用 …………………………………………………… 88
第八章　新材料和新工艺 ……………………………………………………………… 94
参考文献 ………………………………………………………………………………… 96

第一篇　机械工程材料实验

实验一　金属材料的硬度实验

一、试验目的

1. 了解布氏硬度计和洛氏硬度计的大致结构和实验原理,初步掌握布氏硬度和洛氏硬度的测定方法。

2. 能够根据材料的种类、试样厚度等大体确定硬度范围,选择硬度测试方法。

二、试验原理概述

1. 布氏硬度

用试验力 F 将直径为 10mm、5mm 或 2.5mm 的淬火钢球或硬质合金球压入被测定的试样表面,保持一定时间,卸除试验力后在试样的表面留下一个球形压痕。测量压痕的直径并计算压痕球形表面积 A,布氏硬度定义为试验力 F 除以压痕球形表面积 A 所得的商。

$$\text{HBS}（或\ \text{HBW}） = \frac{F}{A} = 0.102 \frac{2F}{\pi D (D - \sqrt{D^2 - d^2})}$$

式中　F——试验力(N);

　　　A——压痕球形表面积(mm^2);

　　　D——钢球直径(mm);

　　　d——压痕直径(mm)。

在实际测量硬度时,通常用读数显微镜测出压痕直径,取其算术平均值 d,再查对照表得出所测该试样的硬度值。习惯上只写布氏硬度的数值而不标出单位。

GB231—84 "金属布氏硬度试验方法"中规定了所用压头材料为淬火钢球和硬质合金球(碳化钨)两种。用淬火钢球压头测得的硬度值以符号 HBS 表示,适用于测量布氏硬度值小于 450 的材料;用硬质合金球压头测得的硬度值以符号 HBW 表示,适用于测量硬度值范围 450~650 的材料。我国目前布氏硬度计的压头主要是淬火钢球。压头球直径、试验力及试验力保持时间见表 1-1-1。

布氏硬度试验的特点是试验数据准确、稳定,压痕较大,但测试较麻烦,所以工作效率低。因压痕较大，不宜测试薄件或成品件。布氏硬度主要用来测定铸铁、有色金属以及经退火、正火或调质处理的钢件等的硬度。

表 1-1-1　压头球直径、试验力及试验力保持时间

金属种类	布氏硬度值范围 HBS（HBW）	试样厚度 mm	$0.102F/D^2$	压头球直径 D mm	试验力 kN	试验力保持时间 s
黑色金属	140~450	6~3 4~2 <2	30	10.0 5.0 2.5	29.42 7.355 1.839	12
黑色金属	<140	>6 6~3	10	10.0 5.0	9.807 2.542	12
有色金属	>130	6~3 4~2 <2	30	10.0 5.0 2.5	29.42 7.355 1.839	30
有色金属	36~130	9~3 6~3	10	10.0 5.0	9.807 2.542	30
有色金属	8~35	>6	2.5	10.0	2.542	60

2. 洛氏硬度

洛氏硬度试验是用金刚石圆锥体或淬火钢球作为压头，在初始试验力及总试验力的先后作用下，将压头压入试样表面，经规定的保持时间后，卸除主试验力，用测量的残余压痕深度增量计算硬度值的一种压入硬度测试方法。硬度值计算公式为

$$HR = (K - e)/0.002$$

式中　K——常数（金刚石压头 K 取 100，淬火钢球压头 K 取 130）；

e——残余压痕深度增量（mm）。

在实际测量硬度时，硬度计表盘上的数字已经按计算公式将 e 转换成洛氏硬度值。测试试样硬度时直接从表盘读取数值即可。

洛氏硬度适用范围见表 1-1-2（GB/T230—1991），其中常用标尺有 A、B、C 三种。

表 1-1-2　洛氏硬度适用范围

洛氏硬度标尺	硬度符号	压头类型	初始试验力 F_0/N	主试验力 F_1/N	总试验力 F/N	洛氏硬度范围
A	HRA	120°金刚石圆锥体	98.07	490.3	588.73	20HRA~88HRA
B	HRB	φ1.5875mm 钢球	98.07	882.6	980.67	20HAB~100HRB
C	HRC	120°金刚石圆锥体	98.07	1373.0	1471.07	20HRC~70HRC
D	HRD	120°金刚石圆锥体	98.07	882.6	980.67	40HRD~77HRD

(续)

洛氏硬度标尺	硬度符号	压头类型	初始试验力 F_0/N	主试验力 F_1/N	总试验力 F/N	洛氏硬度范围
E	HRE	ϕ3.175mm 钢球	98.07	882.6	980.67	70HRE~100HRE
F	HRF	ϕ1.5875mm 钢球	98.07	490.3	588.73	60HRF~100HRF
G	HRG	ϕ1.5875mm 钢球	98.07	1373.0	1471.07	30HRG~94HRG
H	HRH	ϕ3.175mm 钢球	98.07	490.3	588.73	80HRH~100HRH
K	HRK	ϕ3.175mm 钢球	98.07	1373.0	1471.07	40HRK~100HRK

洛氏硬度标尺 A 一般用于测定硬度极高而不宜采用标尺 C 的场合，如测定硬质合金、表面淬火钢等。

洛氏硬度标尺 B 一般用于测定较软的金属和未经淬火的钢材，如有色金属、退火钢、正火钢等。在生产中很少采用 HRB，此类金属件的硬度通常用 HBS 表示。

洛氏硬度标尺 C 一般用于测定经热处理淬硬的钢制件，如淬火钢、调质钢等。

洛氏硬度试验的特点是操作简便、迅速，压痕小，适用于检查半成品和成品件的质量。但是，由于压痕较小，不宜测试组织特别不均匀或组织粗大的材料，如铸铁等。

三、试验设备及材料

设备：布氏硬度计；洛氏硬度计；读数显微镜。

布氏硬度计有机械式和液压式两大类。图 1-1-1 所示为常用的 HB—3000 型机械式布氏硬度计外形图，它主要由机身、试台、减速器、杠杆机构、换向开关系统等部件组成。

洛氏硬度计有机械、电动两类。图 1-1-2 所示为常用的 HR—150D 电动洛氏硬度计。按下启动按钮，硬度计自行加压、保时、卸除试验力，指示器盘上指示出洛氏硬度值。

材料：硬度试验用试样可采用退火状态的 20 钢、45 钢、T8 钢；淬火状态的 45 钢、60 钢、T8 钢等若干件。

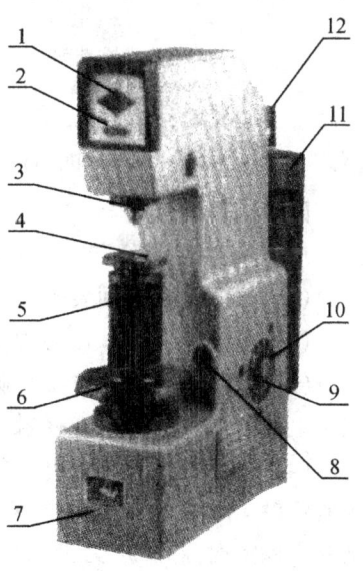

图 1-1-1 HB—3000 型布氏硬度计外形图

1—电源指示灯 2—加力指示灯 3—压头 4—试台 5—试台立柱 6—升降手轮 7—机身 8—加力开关 9—圆盘 10—压紧螺钉 11—砝码 12—杠杆、吊环

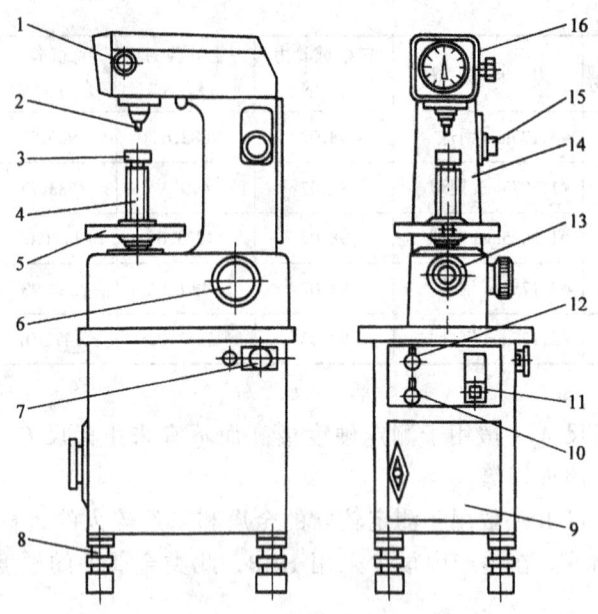

图 1-1-2 HR—150D 型电动洛氏硬度计

1—指示器调节钮 2—压头 3—试台 4—升降丝杠 5—升降手轮 6—变荷手轮 7—电源插头 8—支脚 9—工作柜 10—"调整"自动选择开关 11—试验力保持时间调节旋钮 12—电源开关 13—启动按钮 14—机体 15—缓冲器调节旋钮 16—测量指示器

四、试验方法

1. 布氏硬度试验方法与注意事项

(1) 试样的两平面要平行，表面光洁，保证压痕清晰，测量结果准确。

(2) 压头球直径、试验力及试验力保持时间按表 1-1-1 选择。

(3) 将试样放在图 1-1-1 硬度计试台 4 上，按顺时针方向转动升降手轮 6，试台上升至试样与压头 3 接触，使手轮产生相对滑动为止。

(4) 打开电源开关，电源指示灯 1 亮，此时启动加力开关 8，同时迅速拧紧压紧螺钉 10，使圆盘 9 随曲柄一起回转至自动反向和停止转动为止(此段时间为试验力保持时间)，加力指示灯 2 熄灭，试验力自动卸除。

(5) 逆时针转动升降手轮 6，取下试样，用读数显微镜测量压痕两个相互垂直方向的直径并取其算术平均值 d，根据这个数值查附表 2，即得布氏硬度值，并做好记录。试样的硬度一般取三次的平均值。

(6) 试样的最小厚度应不小于压痕深度的 10 倍(因压痕附近的塑性变形沿深度方向可达压痕深度的 8 倍左右)。若试验后试样边缘及背面出现变形痕迹，则认为试验无效，此时应选用直径较小的钢球压头及相应的试验力重新试验。

(7) 试验后压痕直径的大小应在 $0.25\sim0.6D$ 范围内，否则应选择相应的试验力重新试验。压痕中心到试样边缘的距离应不小于压痕直径的 2.5 倍，相邻两压痕中心距离应不小于压痕直径的 4 倍。

2. 洛氏硬度试验方法与注意事项

(1) 在图 1-1-2 硬度计试台 3 上放置一个试样，转动升降手轮 5，升降丝杠 4 上升，试样接近压头 2，此时应注意试台上的试样不能撞击压头，慢慢让试样接触压头，并顶至测量指示器 16 的大指针转动两圈，小指针从"黑"点转到"红"点，试样即获得初始试验力。获得初始试验力的动作一次完成，中间不应有停顿现象。

(2) 获得初始试验力后，测量指示器的大指针应处于铅垂方向左右 5 个 HR 刻度的范围内，若超出此范围应重复一次操作过程。

(3) 转动指示器调节旋钮 1，使指示器刻盘上的"O"（或 B 点）对准大指针。转动变荷手轮 6 预先选好所需试验力值。

(4) 按下启动按钮 13，硬度计即自行加试验力，自行保持一定时间后卸除试验力，指示器大指针指示出洛氏硬度测量值，做好记录。

(5) 在操作过程中，调整试验力保持时间调节旋钮 11 至要求数值（总试验力保持时间推荐为：对于施加主试验力后不随时间继续变形的试样，保持时间为 $1\sim3s$；随时间缓慢变形的试样，保持时间为 $6\sim8s$；随时间明显变形的试样，保持时间为 $20\sim25s$）。完成一次测量后，降下升降丝杠 4。移动试样，在另一位置继续进行试验，前后共测三点，然后求出算术平均值作为试验最后硬度值，作好记录。

(6) 试样表面应精细制备，使其平整、光洁，表面不得带有油脂、氧化皮、明显的加工痕迹、凹坑等。

(7) 两相邻压痕中心间距至少应为压痕直径的 4 倍，且不得小于 2mm。任一压痕中心距离试样边缘至少应为压痕直径的 2.5 倍，且不得小于 1mm。

五、实验报告及要求

1. 设计实验表格，将试验数据填入表格内，对结果进行分析并进行必要的硬度值换算，独立完成实验报告及思考题。

2. 简述布氏硬度和洛氏硬度的试验原理、优缺点及应用。

3. 分析用布氏硬度试验方法能否直接测量成品或较薄的工件。

4. 比较硬度值大小：95HRB、48HRC、320HBS、240HV（提示：通过查附录 E 进行换算）。

实验二　盐类晶体结晶过程及金属铸锭组织观察

一、实验目的

1. 观察透明盐类的结晶过程及结晶后的组织特征。
2. 分析凝固条件对金属铸锭组织的影响。

二、实验原理概述

金属或合金由液态转变为固态晶体的过程称为结晶。晶体在结晶时遵循形核与长大的规律，在实际结晶条件下，由于存在外来杂质以及容器模壁等的影响，形核一般都以非均匀形核的方式进行。晶核形成后通常按树枝状方式长大形成树枝晶。由于金属或合金不透明，无法直接观察其结晶过程，但可借以观察其他透明物质如盐类晶体的结晶，来了解金属结晶的过程。在透明盐类晶体的溶液因溶剂蒸发而引起的结晶过程中，由于临界晶核的尺寸很小，无法用肉眼观察到晶核，但在实验室中可以通过显微镜甚至放大镜、投影仪清晰地观察到正在长大的树枝晶，帮助我们了解树枝晶的形成过程。

例如在玻璃片上滴一滴饱和的氯化铵溶液，放在投影仪上就可观察到它的结晶过程。随着液体的蒸发，结晶的过程将首先从液滴的边缘处开始，逐渐向中间扩展。结晶的第一阶段是在液滴的最外层或较薄处形成一圈细小的等轴晶体，接着，以这些等轴晶体为核心开始向各个方向生长成为柱状晶。那些向液滴中心生长的柱状晶由于容易得到液体的补充，因此发展较快，但向其他方向生长的柱状晶由于不能得到液体充分的补充，因此生长速度受到抑制，这样便形成了明显的方向性。这是结晶的第二阶段。在这一阶段中除了向液滴中心生长外，在垂直于柱状晶主轴的方向上还会长出二次、三次晶轴，形成了典型的平面柱状树枝晶。图1-2-1是单个树枝晶的形貌。结晶的第三阶段是在液滴的中心部位形成不同位向的等轴状树枝晶。等轴晶的形成是由于在液滴的中心溶液量已很少，蒸发较快，直接由溶液中形成了不同的晶核而得到的。实际观察过程中，由于平面状的液滴流动性变差，常常在靠近液滴边缘处就已经开始形成树枝晶，当溶剂蒸发速度很快时，树枝晶快速向液滴中心发展并相互接触，形成一个个树枝晶粒的边界，结晶过程结束。图1-2-2a～f表示出了这一变化过程。

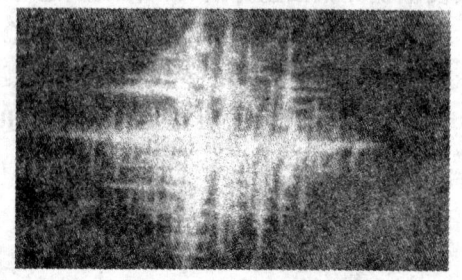

图1-2-1　单个树枝晶形貌

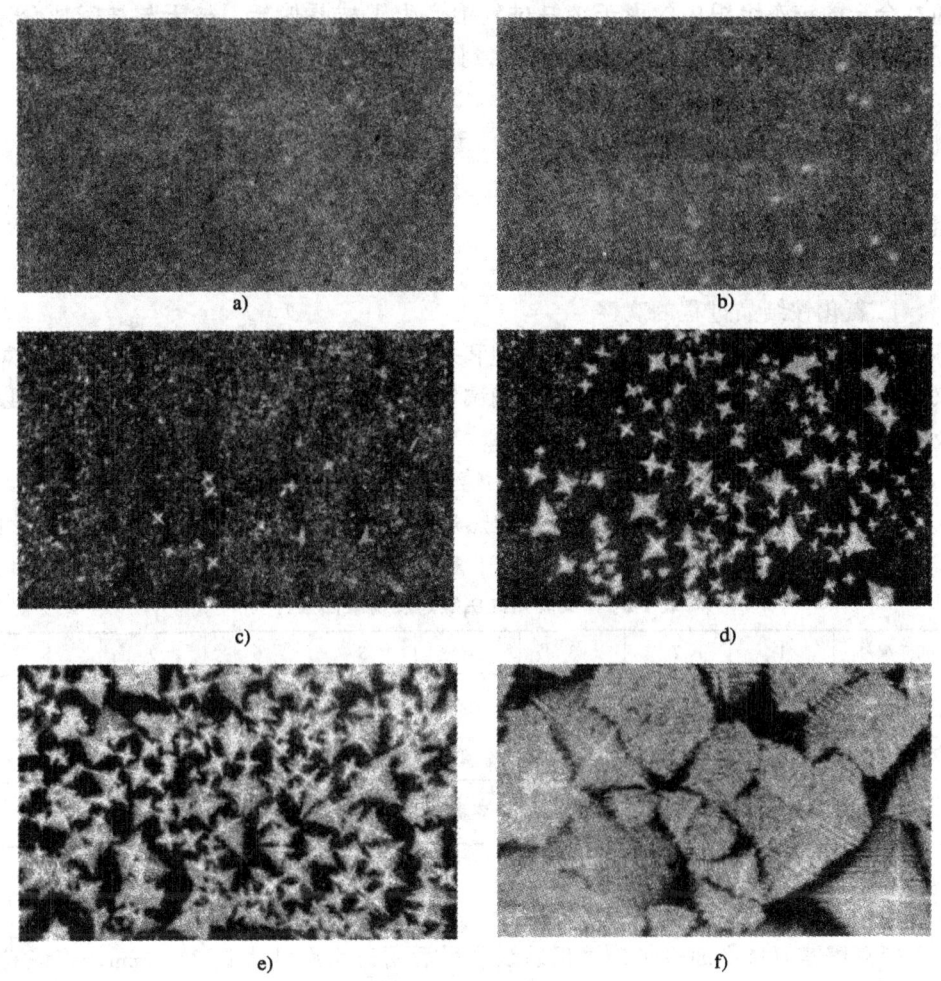

图 1-2-2 氯化铵溶液结晶过程

对饱和氯化铵水溶液因溶剂蒸发而结晶过程的观察可以发现:

1) 结晶包括晶核的形成与长大两过程,形核需要有一定的孕育期;

2) 晶体是按树枝状方式长大。开始时先形成晶体的主轴(一次晶轴),然后在垂直于主轴的方向上生长出分枝(二次轴),依此类推,还可在二次轴上生长出三次轴、四次轴等,最后形成了树枝状晶体。

铸锭的结晶过程和组织与盐类液滴的结晶过程和组织非常相似,典型的铸锭组织可分为三个区域:靠近模壁处为细等轴晶区;细等轴晶区向铸锭中心生长得到柱状晶区;铸锭中心为较粗大的等轴晶区。

实际金属结晶时,一般也是按树枝状方式长大,但纯金属只能在铸锭表面处、缩孔处清楚地看到树枝晶组织,而在铸锭内,只能看到外形不规则的晶粒。

而在合金的铸态组织中,由于结晶过程中产生了枝晶偏析,枝干与枝间成分不同,其金相试样经适当浸蚀后,能观察到树枝状组织(即枝晶偏析)。

三、实验设备及材料

1. 投影仪,金相显微镜,玻璃片,吸管,饱和氯化铵水溶液。
2. 加热炉,坩埚,热电偶温度计,钢模,砂模,手钳,打字头,锯,锉,粗砂纸,纯铝,钛粉,王水。

四、实验方法

1. 氯化铵结晶过程的观察

在干净的玻璃板上用吸管滴一滴饱和氯化铵水溶液,并将玻璃板放置在投影仪上,调节好投影仪反射平面镜,准确调焦至物象清晰。注意观察结晶的过程以及结晶体的形态。

2. 浇铸铝锭,分析凝固条件对纯铝铸锭组织的影响

(1) 将工业纯铝块放进坩埚,在加热炉中熔化后取出浇铸,浇铸凝固条件列于表 1-2-1 中。

表 1-2-1 实验用纯铝锭的浇铸凝固条件

试样编号	1	2	3	4	5	6	7	8
浇铸温度 ℃	750	750	750	850	850	850	850	850
铸模材料	金属模	冷砂模	热砂模	金属模	冷砂模	热砂模	金属模	金属模
其他条件	室温	室温	500℃预热	室温	室温	500℃预热	搅拌	加 Ti

(2) 铸锭凝固后水冷,用手锯锯开。

(3) 用锉刀将剖面打平,用粗砂纸磨平后用王水腐蚀大约 3~5min,将晶粒显示出来后置于流动水下冲洗并吹干。

(4) 观察各种浇铸条件下的铝铸锭剖面不同区域的组织特征,画出宏观组织示意图。

五、实验报告及要求

(1) 实验目的。
(2) 描述所观察到的氯化铵的结晶过程,并绘出结晶示意图。
(3) 画出一种凝固条件下铸锭组织的示意图,注明浇铸条件。
(4) 对比不同浇铸条件下得到的铸锭组织,说明浇铸条件所带来的影响。

实验三 铁碳合金平衡组织的金相分析

一、实验目的

1. 进一步掌握不同成分铁碳合金在平衡状态下的显微组织特征。
2. 进一步了解 Fe-Fe$_3$C 相图在铁碳合金组织分析中的作用。
3. 掌握铁碳合金成分与组织变化的关系和规律，能够根据显微组织的特征估计亚共析钢中碳的质量分数。

二、实验原理概述

铁碳合金的平衡组织是指合金在极其缓慢的冷却条件下所获得的一种组织状态，即 Fe-Fe$_3$C 相图所对应的组织。实际当中，要想得到一种完全的平衡组织是不可能的，只有退火条件下得到的组织最接近于平衡组织。因此，我们可以借助退火组织来观察和分析铁碳合金的平衡组织。

对铁碳合金平衡组织的观察和分析，不仅有助于我们进一步加深对 Fe-Fe$_3$C 相图的理解，而且是我们认识钢铁材料以及研究和分析钢铁材料组织和性能的基础。

（一）铁碳合金的基本相和组织组成物

不同成分的铁碳合金在室温下具有不同的显微组织，从而决定了其有不同的力学性能。而组成这些不同显微组织的基本相均为铁素体和渗碳体，基本的组织组成物为珠光体。

1. 铁素体（F）

铁素体是碳溶入 α-Fe 中的固溶体，经 3%～5% 的硝酸酒精溶液浸蚀后在金相显微镜下呈白亮色的多面体。铁素体在铁碳合金中的形态随碳的质量分数的不同而发生变化，当碳的质量分数较低时，铁素体呈多边形块状分布，当碳的质量分数接近共析成分时铁素体分布在珠光体的周围，呈断续的网状。

2. 渗碳体（Fe$_3$C）

渗碳体是 Fe 与 C 形成的化合物，经 3%～5% 的硝酸酒精溶液浸蚀后呈白亮色，若用碱性苦味酸纳浸蚀则呈黑色。渗碳体在铁碳合金中的存在形式随结晶条件的不同而不同。从液体中直接析出的一次渗碳体一般成粗大的条状，从奥氏体中析出的二次渗碳体一般呈网状分布于晶界处，从铁素体中析出的三次渗碳体数量极少，一般忽略不计。

3. 珠光体（P）

珠光体是铁素体与渗碳体的机械混合物，一般铁素体与渗碳体交替排列，形成片层状组织（一片铁素体，一片渗碳体），如图 1-3-1 所示。经 3%～5% 的硝酸

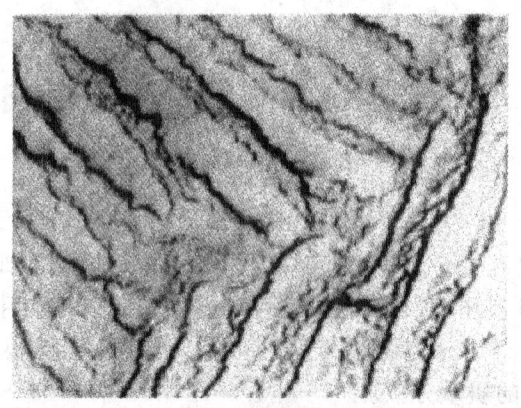

a) 15000×

b) 400×

图 1-3-1 珠光体的显微组织

酒精溶液浸蚀后在金相显微镜下观察,当放大倍数较低时,珠光体中的铁素体呈白亮色,而渗碳体是一条黑线(因为显微镜的鉴别能力小于渗碳体片的厚度)。如果放大倍数低,珠光体组织很细或者腐蚀时间过长,珠光体的片层就不能分辨而呈一片黑色。

(二) 铁碳合金典型的平衡组织

根据 Fe-Fe$_3$C 相图,我们把铁碳合金分为工业纯铁、亚共析钢、共析钢、过共析钢、亚共晶白口铁、共晶白口铁、过共晶白口铁,它们在室温下的平衡组织如表 1-3-1 所示。

表 1-3-1 铁碳合金典型的平衡组织

类 型	w_C(%)	显 微 组 织	浸 蚀 剂
工业纯铁	<0.0218	铁素体	3%~5%硝酸酒精溶液
亚共析钢	0.0218~0.77	铁素体+珠光体	3%~5%硝酸酒精溶液

(续)

类 型	$w_C(\%)$	显 微 组 织	浸 蚀 剂
共析钢	0.77	珠光体	3%~5%硝酸酒精溶液
过共析钢	0.77~2.11	珠光体+二次渗碳体	碱性苦味酸钠溶液
亚共晶白口铁	2.11~4.3	珠光体+二次渗碳体+莱氏体	3%~5%硝酸酒精溶液
共晶白口铁	4.3	莱氏体	3%~5%硝酸酒精溶液
过共晶白口铁	4.3~6.69	莱氏体+一次渗碳体	3%~5%硝酸酒精溶液

1. 工业纯铁

工业纯铁是 $w_C<0.0218\%$ 的铁碳合金,在室温下的组织为单相铁素体组织,铁素体呈多角形块状,晶界为黑色条状,有时可以看出在晶界处少量分布的三次渗碳体。图1-3-2为工业纯铁的显微组织。

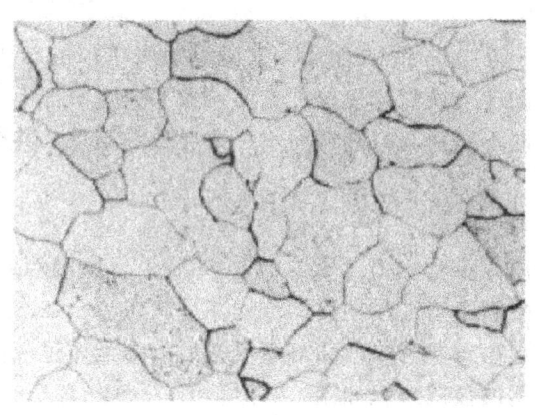

图1-3-2 工业纯铁的显微组织

2. 亚共析钢

亚共析钢碳的质量分数为 $0.0218\%<w_C<0.77\%$,室温下的组织由铁素体和珠光体组成。经硝酸酒精溶液浸蚀后在金相显微镜下观察,铁素体呈白色多边形块状,珠光体在放大倍数较低时呈暗黑色。随着碳的质量分数的增加,铁素体量逐渐减少,珠光体量逐渐增加,铁素体的形态逐渐由块状变为碎块状或网状。图1-3-3为亚共析钢的显微组织。

对于亚共析钢,可以根据在显微镜下观察到的珠光体和铁素体各自所占面积的百分数,大体上估算出钢碳的质量分数:

$$w_C \approx P \times 0.77$$

式中 P——珠光体所占面积的百分数。此计算公式只符合于平衡状态,珠光体以观察的面积百分比计算。

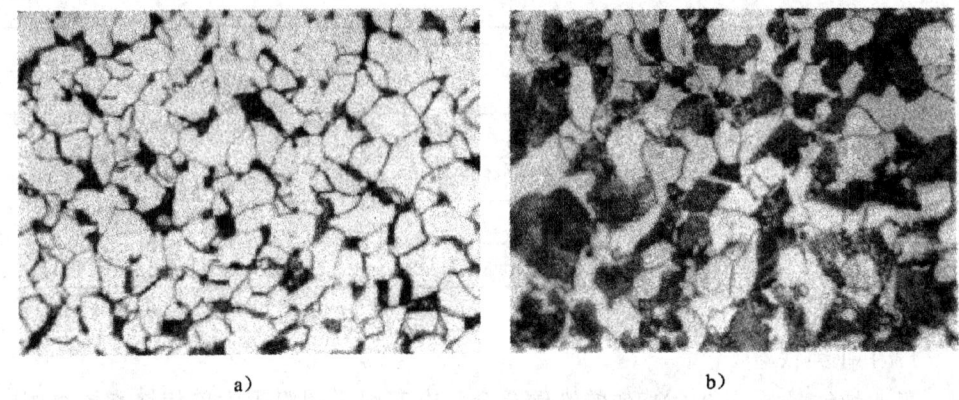

图 1-3-3 亚共析钢的显微组织
a) 20钢 b) 45钢

3. 共析钢

共析钢是 $w_C = 0.77\%$ 的铁碳合金，室温组织为单一的珠光体。显微镜下每个珠光体晶粒中渗碳体与铁素体片层的方向、大小、宽窄都不一样，这是因为每个珠光体晶粒的位向不同，其截割截面不一致导致的结果。共析钢的显微组织如图 1-3-1 所示。

4. 过共析钢

过共析钢碳的质量分数为 $0.77\% < w_C < 2.11\%$，室温组织由珠光体和二次渗碳体组成。用硝酸酒精溶液浸蚀后的珠光体呈暗黑色，二次渗碳体呈白色网状分布在珠光体周围；用碱性苦味酸纳溶液浸蚀后的珠光体呈灰白色，而渗碳体呈黑色网状。过共析钢的显微组织如图 1-3-4 所示。

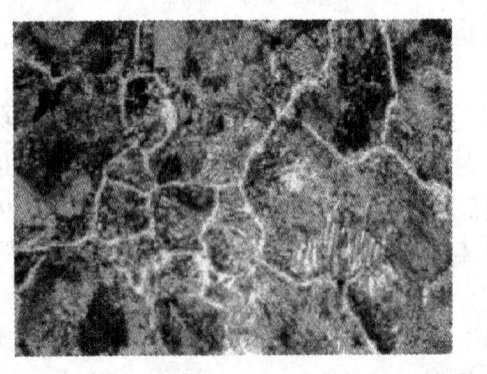 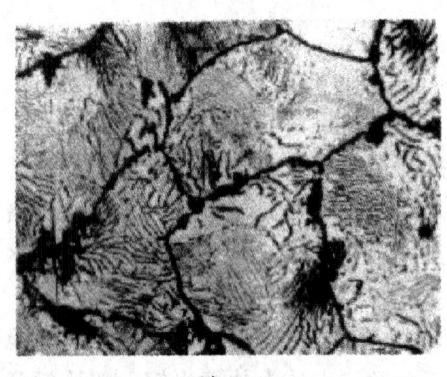

图 1-3-4 过共析钢的显微组织
a) 硝酸酒精溶液浸蚀 b) 碱性苦味酸钠浸蚀

5. 亚共晶白口铁

亚共晶白口铁碳的质量分数为 $2.11\% < w_C < 4.3\%$，其室温组织由珠光体、二次渗碳体和莱氏体组成。经硝酸酒精溶液浸蚀后，珠光体呈暗黑色椭圆形枝状分布，莱氏体为白色渗碳体基体上分布着暗黑色粒状珠光体，二次渗碳体析出时与共晶渗碳体连成一体。图1-3-5为亚共晶白口铁的显微组织。

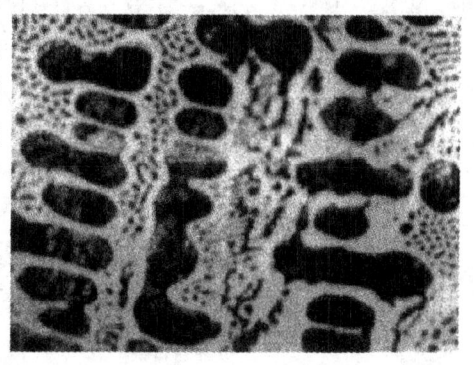

6. 共晶白口铁

共晶白口铁是 $w_C = 4.3\%$ 的铁碳合金，室温组织为单一莱氏体组织。莱氏体

图1-3-5 亚共晶白口铁的显微组织

是珠光体与渗碳体组成的机械混合物，经硝酸酒精溶液浸蚀后，在金相显微镜下白色基体为渗碳体，珠光体呈黑色粒状或棒状。图1-3-6为共晶白口铁的显微组织。

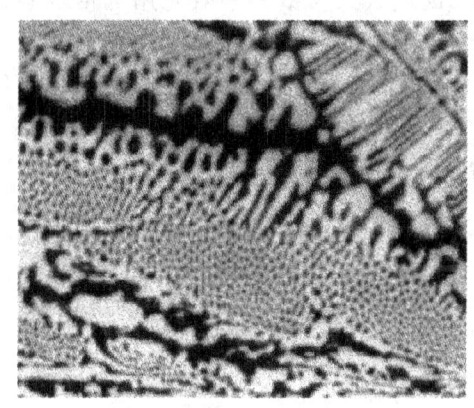
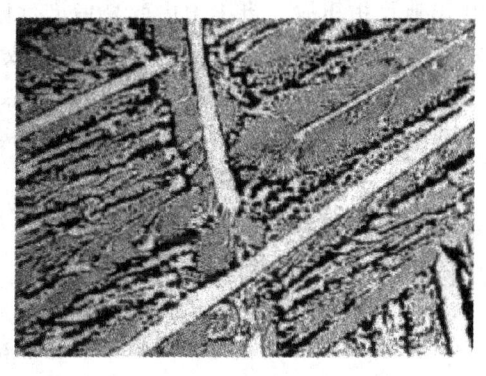

图1-3-6 共晶白口铁
的显微组织

图1-3-7 过共晶白口铁
的显微组织

7. 过共晶白口铁

过共晶白口铁碳的质量分数为 $4.3\% < w_C < 6.99\%$，室温组织由莱氏体和一次渗碳体组成。经硝酸酒精溶液浸蚀后，在金相显微镜下一次渗碳体呈白亮、粗大的板条分布在莱氏体基体上。图1-3-7为过共晶白口铁的显微组织。

三、实验设备及材料

1. 金相显微镜。
2. 典型铁碳合金组织的金相试样一组，见表1-3-2。

表 1-3-2 典型铁碳合金金相试样

序 号	试 样 材 料	浸 蚀 剂	处 理 状 态
1	工业纯铁	3%~5%硝酸酒精溶液	完全退火
2	20钢		
3	45钢		
4	T8钢		
5	T12钢		
6	T12钢	碱性苦味酸钠溶液	
7	亚共晶白口铁	3%~5%硝酸酒精溶液	铸 态
8	共晶白口铁		
9	过共晶白口铁		

四、实验方法

1. 将试样平稳放在金相显微镜的载物台上，必要时加以固定。
2. 调整好显微镜。根据观察的需要，选择放大倍数。一般先用低倍观察，找出典型组织后，再用中倍或高倍进行仔细观察。
3. 认真观察每一个试样的组织构成，组织形态，不同组织的数量、大小以及分布等。
4. 绘制金相图，并注明放大倍数和金相组织。

五、实验报告及要求

1. 简述实验内容。
2. 绘制所观察到的金相组织图。
3. 估算某指定试样的碳的质量分数。
4. 说明碳的质量分数对铁碳合金组织和性能的影响。
5. 分析铁碳合金金相组织的构成。

实验四 碳钢的热处理

一、实验目的
1. 了解钢的热处理的基本方法。
2. 了解不同热处理方法对钢的组织与性能的影响。

二、实验原理概述
1. 碳钢的热处理

钢的热处理是指将钢在固态下施以不同的加热、保温与冷却以改变其组织和性能的工艺。热处理工艺主要包括退火、正火、淬火及回火。

退火是将工件加热到高于 Ac_3（或 Ac_1）温度，保温一定时间，随后缓慢冷却以得到近似平衡组织的方法。根据工件退火加热温度的不同又可分为完全退火与不完全退火。加热到 Ac_3 以上得到均匀奥氏体组织后缓慢冷却转变为珠光体组织为完全退火，加热到 Ac_1 以上得到奥氏体加未溶碳化物或铁素体再缓慢冷却为不完全退火。

正火是将工件加热到 Ac_3（或 Ac_{cm}）以上，保温一定时间后在静止的空气中冷却得到细珠光体类型组织的热处理工艺。

淬火是将工件加热到 Ac_3 或 Ac_1 以上保温一定时间并以一定的冷却速度冷却，以得到马氏体或下贝氏体组织的热处理工艺。根据淬火温度不同又可分为完全淬火与不完全淬火。加热到 Ac_3 以上进行的称为完全淬火，加热到 Ac_1 以上得到奥氏体加未溶碳化物或铁素体再淬火称为不完全淬火。

回火是将淬火后的工件重新加热到低于相变点的某一温度保温一定时间后冷却，以改善钢的组织和性能的热处理工艺。

任何热处理工艺都包括加热温度、保温时间以及冷却方式三个基本的工艺因素。

(1) 加热温度 碳钢热处理的加热温度原则上可按表 1-4-1 选定。但生产中，应根据工件实际情况作适当调整。

表 1-4-1 碳钢整体热处理的加热温度

热处理方法	加热温度/℃	应 用 范 围
退 火	$Ac_3 + (20 \sim 60)$	亚共析钢完全退火
	$Ac_1 + (20 \sim 40)$	过共析钢球化退火
正 火	$Ac_3 + (50 \sim 100)$	亚共析钢
	$Ac_{cm} + (30 \sim 50)$	过共析钢

(续)

热处理方法		加热温度/℃	应用范围
淬火		$Ac_3 + (30 \sim 70)$	亚共析钢
		$Ac_1 + (30 \sim 70)$	过共析钢
回火	低温	150 ~ 250	切削刃具、量具、冷冲模具、高硬度零件等
	中温	350 ~ 500	弹簧、中等硬度零件等
	高温	500 ~ 650	齿轮、轴、连杆等要求综合力学性能的零件

几种碳钢的临界点如表 1-4-2 所示。

表 1-4-2 常用碳钢的临界点

钢号	临界点/℃			
	Ac_1	Ac_3 或 Ac_{cm}	Ar_1	Ar_3
20	735	855	680	835
45	724	780	682	760
T8A	730	—	700	
T12A	730	820	700	—

碳钢淬火加热温度的控制是很重要的。亚共析钢加热温度不足时，淬火组织中会出现铁素体，使淬火后硬度不足；共析钢和过共析钢正常淬火加热温度是 $Ac_1 + (30 \sim 50)$℃，加热时有未完全溶解的二次渗碳体，可以提高钢淬火后的硬度和耐磨性。若加热温度过高时（高于 Ac_{cm}），会因为得到粗大的马氏体以及过多的残余奥氏体而增大脆性或者导致硬度与耐磨性下降。

回火温度的确定取决于对材料的组织与性能的要求。低温回火的目的是为了降低淬火应力，减少脆性并保持钢的高硬度，回火温度应选择 150 ~ 250℃。中温回火是为了得到高弹性极限和高韧性的组织，回火温度为 350 ~ 500℃。高温回火可获得既有一定强度和硬度，又有良好的冲击韧度的综合力学性能，要求回火温度为 500 ~ 650℃。这种淬火加高温回火的处理又称调质处理。

(2) 加热时间　为使钢件内外各部分温度达到指定的温度并完成组织转变，必须使钢件在加热温度下保温一定时间。通常将零件升温和保温所需的总的时间称为加热时间。热处理的加热时间与钢的成分、原始组织、工件的尺寸与形状、使用的加热设备与装炉方式及热处理方法等许多因素有关，要确切计算加热时间是比较复杂的。在实验室中，通常按工件有效厚度，用下列经验公式估算加热时间：

$$t = \alpha D$$

式中　t——加热时间(min)；

　　　α——加热系数(min/mm)；

　　　D——工件有效厚度(mm)。

当碳钢工件的有效厚度 $D \leqslant 50$mm，在 800~960℃ 箱式电阻加热炉中加热时，$\alpha = 1~1.2$min/mm，在盐浴炉中加热的时间可以缩短一半。

回火的加热时间，要保证工件热透并使组织充分转变。组织转变时间一般不大于 0.5h，但热透时间则随回火温度、工件有效厚度、装炉量及加热方式而异。生产中，一般为 1~3h；实验时，可用 0.5h。

(3) 冷却方式　工件在不同的介质中的冷却速度不同，这直接决定了所得组织与性能的差异。退火时一般采用工件随炉冷却到 600~550℃ 以下再出炉空冷。正火时放于静止的空气中冷却。淬火时常用的介质为水、盐水及矿物油，它们的冷却能力也各不相同。另外，恰当的淬火方法有助于减小淬火应力及变形与开裂倾向。

2. 碳钢热处理后的组织与性能

碳钢热处理后的组织与性能与其成分有很大关系。亚共析钢热处理后的组织与力学性能特点如表 1-4-3 所示。

表 1-4-3　亚共析钢热处理后的组织与力学性能特点

热处理方法		冷却速度		组织	力学性能特点
退火		炉冷	冷速递增 ↓	铁素体及珠光体	强度、硬度随冷却速度增大而递增
正火		空冷		铁素体及细珠光体	
淬火		油冷		托氏体、马氏体及残留奥氏体	
淬火		水冷		马氏体及残留奥氏体	
回火	低温	空冷		回火马氏体及残留奥氏体	保持高硬度，脆性比淬火时稍低
	中温			回火托氏体	具有高弹性及较好的韧性
	高温			回火索氏体	具有良好的综合力学性能

过共析钢组织随冷却速度的增加其变化是：渗碳体+珠光体→渗碳体+索氏体→渗碳体+托氏体→渗碳体+托氏体+马氏体+残留奥氏体→渗碳体+马氏体+残留奥氏体。

淬火组织为马氏体的碳钢，在低温、中温及高温回火时分别得到回火马氏体、回火托氏体及回火索氏体。回火马氏体的硬度约为 57~60HRC，强度高，韧性和塑性较淬火马氏体有明显改善。回火托氏体的硬度约为 40~48HRC，强度高，有最佳的弹性与较好的韧性。回火索氏体的硬度约为 25~35HRC，具有很好的综合力学性能。随回火温度升高，淬火碳钢力学性能总的变化趋势为强度、硬度降低，塑性与韧性提高。

三、实验设备及材料

箱式电阻炉(附温控装置)、洛氏硬度计、金相显微镜、淬火水槽、油槽、夹钳、砂纸、玻璃板、浸蚀剂、表1-4-4所列试样一套(试样尺寸：ϕ10mm×12mm)。

四、实验方法

1．按表1-4-4所列材料及工艺进行热处理操作，测定热处理后试样的硬度(炉冷、空冷试样测HRB，其余试样测HRC)。

2．观察表1-4-5所列样品的显微组织，绘出组织示意图。

3．实验步骤

(1) 分大两组交换进行上述的两项实验内容。每一小组领取一套试样(8块45钢试样，8块T12钢试样)，炉冷试样由实验室预先准备好。

(2) 将加热温度相同的45钢和T12钢试样放入预先升温到860℃和780℃的热处理炉内加热，保温20min，分别进行水冷、油冷、空冷操作。45钢750℃水冷试样待780℃炉中试样处理完后再进行。测定它们的硬度并作好记录。

(3) 从每组的水冷试样中取出三块45钢和三块T12钢试样分别放入200℃、400℃、600℃的炉中进行回火，保温30min后出炉空冷。测定回火后试样的硬度并作好记录。

(4) 观察显微组织特征并画出各组织示意图，注明材料、热处理工艺、组织、浸蚀剂、放大倍数等。

表1-4-4　实验中的热处理操作及性能测量

钢号	热处理工艺			硬度值HRC或HRB				换算为HB
	加热温度/℃	冷却方法	回火温度/℃	1	2	3	平均	
45	860	炉冷						
		空冷						
		油冷						
		水冷						
		水冷	200					
		水冷	400					
		水冷	600					
	750	水冷						
T12	780	炉冷						
		空冷						
		油冷						
		水冷						
		水冷	200					
		水冷	400					
		水冷	600					
	860	水冷	200					

表 1-4-5　实验用样品、热处理工艺及显微组织

序号	钢号	热处理工艺	浸蚀剂	显微组织
1	45	860℃正火	4%硝酸酒精溶液	S+F
2		860℃油冷		M+T
3		860℃水冷		混合 M
4		860℃水冷、600℃回火		回火 S
5		750℃		M+F
6	T12	780℃球化退火		P（球状）
7		780℃水冷、200℃回火		回火 M + Fe_3C（粒状）+ Ar 少量
8		1100℃水冷、200℃回火		粗大针状回火 M + Ar

4．热处理操作注意事项如下：

（1）学生在实验中应分工合作。

（2）淬火冷却时动作应迅速，并要将试样在冷却介质中不停搅动。

（3）测定硬度前，必须用砂纸将试样表面的氧化皮除去并磨光。每个试样应在不同部位测定三次硬度并计算平均值。退火、正火态可测 HRB、其余测 HRC。

（4）热处理时应注意安全操作

① 取放试样时切断电源；

② 开关炉门应快速。防止因炉门开放时间过长引起炉温下降及影响炉膛耐火材料及电阻丝的寿命；

③ 在炉中取放试样时，操作者应戴上手套，谨防烧伤。

五、实验报告及要求

1．实验目的。

2．根据实验结果，说明钢热处理时的加热温度、冷却速度与回火温度对碳钢组织与性能的影响。

3．分析 45 钢 750℃水淬与 860℃水淬的组织与性能差别。

4．分析 T12 钢 780℃水淬、200℃回火与 1100℃水淬、200℃回火的组织与性能差别。说明过共析钢淬火加热温度应该怎样选择。

实验五 碳钢热处理后的显微组织观察和分析

一、实验目的

1. 观察和分析碳钢几种典型的显微组织特征。
2. 通过实验进一步了解不同热处理条件对碳钢组织和性能的影响。
3. 了解热处理工艺与碳钢成分、应当具有的组织和性能之间的关系。

二、实验原理概述

钢的组织决定了钢的性能，在化学成分相同的条件下，改变钢的组织主要是通过热处理工艺来控制钢的加热和冷却过程，从而获得我们所希望的组织和性能。铁碳合金在缓慢冷却条件下所得到的显微组织与铁碳相图上所对应的各种平衡组织基本上相符合，但是在快速冷却条件下所得到的显微组织与平衡组织确有着很大的差异，我们称之为不平衡组织，也正是由于不平衡组织的存在给我们控制钢的组织和性能提供了条件。不平衡组织不能用铁碳平衡状态图来分析，而是用过冷奥氏体的等温转变 C 曲线图和连续冷却 CCT 曲线图来分析、判断。

1. 钢的退火组织

完全退火热处理工艺主要适用于亚共析钢(如 40 钢和 45 钢)，经完全退火后钢的组织接近于平衡状态的组织(平衡组织的金相特征已在实验三中进行了观察和分析)。45 钢的退火组织如图 1-5-1 所示，组织为铁素体加珠光体，白色有晶界的颗粒状为铁素体，黑色或层片状的为珠光体。

过共析钢一般采用球化退火热处理工艺，T12 钢经球化退火后的组织如图 1-5-2所示，组织中的二次渗碳体和珠光体中的渗碳体都呈球状或粒状(图中均

图 1-5-1　45 钢的退火组织(400×)

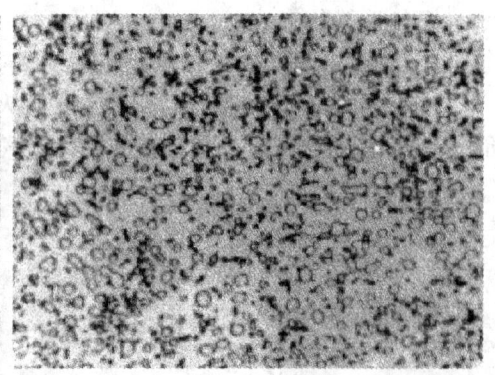
图 1-5-2　T12 钢球化退火组织(500×)

匀分布的细小粒状组织)。

2. 钢的正火组织

由于正火的冷却速度大于退火的冷却速度,因此,在相同碳的质量分数的情况下,正火后得到的金相组织一般要比退火后的组织要细,珠光体的相对含量也比退火组织中的相对要多。45钢正火后的金相组织如图1-5-3所示。

3. 钢的淬火组织

不同成分的钢在不同的加热、保温和冷却条件下会得到不同的淬火组织,典型的淬火组织有如下几种。

(1) 贝氏体组织 贝氏体是在等温淬火条件下得到的淬火组织,根据转变温度的不同,贝氏体分为两种类型:在500～350℃之间的转变产物为上贝氏;在350℃～Ms之间的转变产物为下贝氏体。

上贝氏体是由成簇的平行排列的板条状铁素体和沿其边界分布的细条状渗

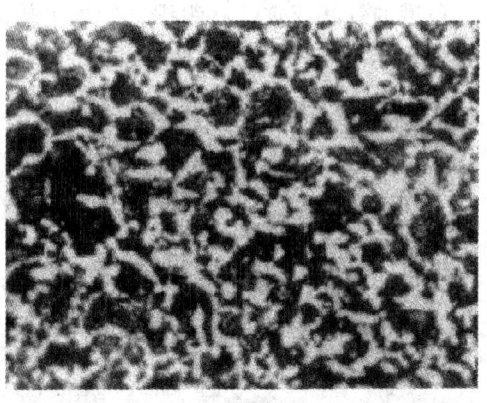

图1-5-3 45钢的正火组织(400×)

碳体所组成,在光学显微镜下难以分辨上贝氏体中的两相,其形态就像羽毛,所以又称之为羽毛状贝氏体,如图1-5-4所示。

下贝氏体是铁素体呈针片状并互成一定角度,在铁素体的针片上分布着碳化物短针,这些碳化物短针的取向与铁素体片的长轴成55°～60°角,在光学显微镜下下贝氏体成黑色针片状组织,如图1-5-5所示。

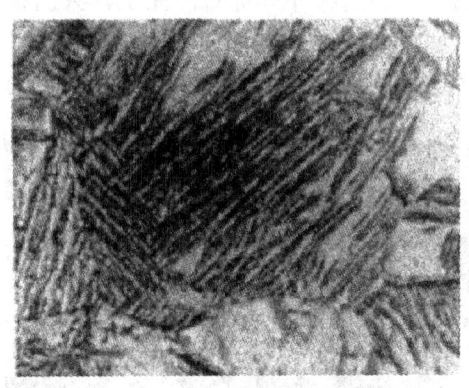
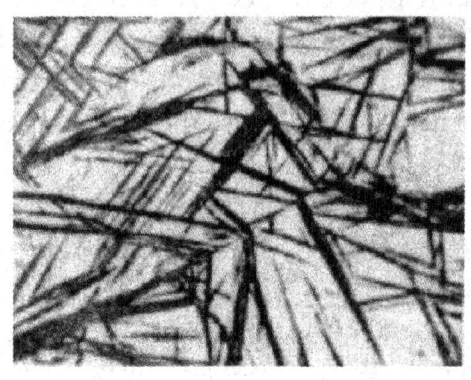

图1-5-4 上贝氏体组织(500×)　　　　图1-5-5 下贝氏体组织(500×)

(2) 马氏体组织 马氏体是将奥氏体快速冷却(冷却速度大于临界冷却速度v_K)到Ms点以下温度得到的转变产物,常见的马氏体组织主要有两种典型形态:板条状马氏体和片状马氏体。

板条状马氏体是一种低碳马氏体($w_C < 0.2\%$),显微组织的主要特征是由许多平行排列的板条状组织成排地群集在一起,称这为马氏体群或马氏体"领域"。在每个奥氏体晶粒中,可以有好几个不同取向的马氏体群。板条状马氏体的显微组织如图1-5-6所示。

片状马氏体是一种高碳马氏体($w_C > 0.6\%$),显微组织的主要特征是互成一定角度的针状或竹叶状组织,如果金相磨面恰好与马氏体片平行相切,还可以看到片状形态。片状马氏体的显微组织如图1-5-7所示。

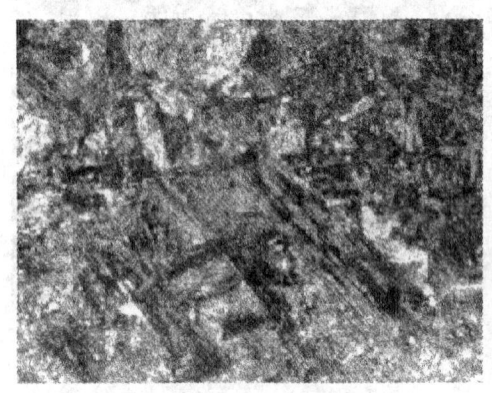 

图1-5-6　20钢的板条状马氏体组织(400×)　　图1-5-7　T12钢的片状马氏体组织(500×)

当碳的质量分数介于0.2%~0.6%之间时,往往会出现两种马氏体的混合组织。

(3) 几种非正常的淬火组织　不完全淬火组织:例如,将45钢加热到760℃保温(Ac_1以上,Ac_3以下),然后在水中快速冷却,这种淬火称为不完全淬火。根据相图可知,在这个温度下保温,铁素体不能全部溶解到奥氏体中,因此,淬火后得到的组织是马氏体与铁素体的混合组织。在金相显微镜下可以看到呈暗色的针状马氏体基底上分布有白色块状的铁素体,如图1-5-8所示。

油冷组织:例如,若将45钢加热到正常的淬火温度下进行保温,然后在油中冷却,这时的冷却速度$v_冷 < v_K$,得到的组织是马氏体和部分托氏体。在金相显微镜下,马氏体呈亮白色,托氏体呈黑色块状分布于晶界处,如图1-5-9所示。

过热淬火组织:例如,45钢在较高温度下保温后淬火,由于在较高温度下保温,奥氏体晶粒变的粗大,因此,冷

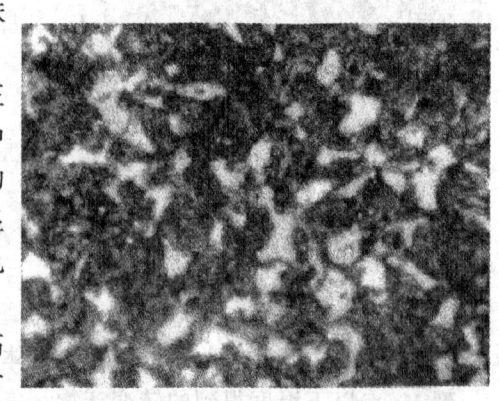

图1-5-8　45钢的不完全淬火组织(400×)

却后得到的显微组织中将出现粗大的马氏体组织,并且还有一定数量的残余奥氏体组织,如图1-5-10所示。

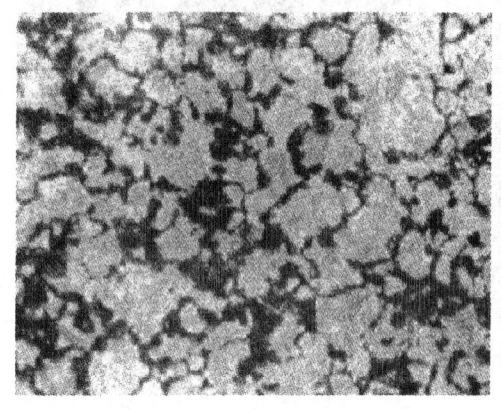 

图1-5-9　45钢的油冷组织(400×)　　　　图1-5-10　45钢的过热淬火组织(400×)

4．钢淬火后的回火组织

马氏体是过饱和固溶体,是一种亚稳定组织,因此,在实际工程中,淬火钢都需要经过回火后才能使用。淬火钢的回火是在 A_1 温度以下重新加热,使淬火组织逐渐向稳定状态转变,转变为铁素体与渗碳体的混合物。淬火钢在不同温度下回火,将得到不同的回火组织,典型的回火组织有如下三种。

(1) 回火马氏体　淬火马氏体经低温回火(150～250℃)后,马氏体内的过饱和碳原子会以高度弥散并与母相保持着共格关系的ε碳化物形式析出,这种组织称为回火马氏体。回火马氏体仍保持马氏体的针片状特征,但受浸蚀的程度比马氏体深,故呈暗黑色,如图1-5-11所示。

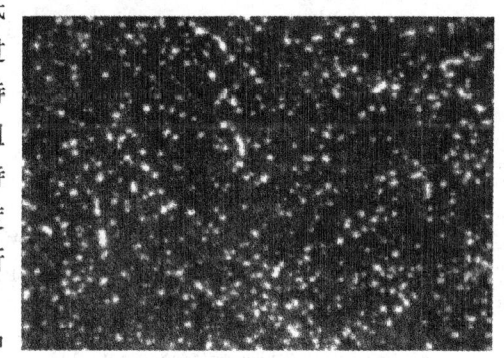

图1-5-11　T12钢200℃回火后的回火马氏体组织(400×)

(2) 回火托氏体　淬火马氏体经中温回火(300～500℃)后,形成在铁素体基体上弥散分布着细小渗碳体颗粒的组织,这种组织称为回火托氏体。回火托氏体中的铁素体仍然保持着原来马氏体的针片状形态特征,其中的渗碳体由于颗粒很小,在光学显微镜下无法分辨,如图1-5-12所示。

(3) 回火索氏体　淬火马氏体经高温回火(500～650℃)后,铁素体已经失去了原来马氏体的针片状形态而成等轴状,渗碳体颗粒也发生了聚集长大,形成粗粒状的渗碳体分布在铁素体基体上,这种组织称为回火索氏体,如图1-5-13所示。

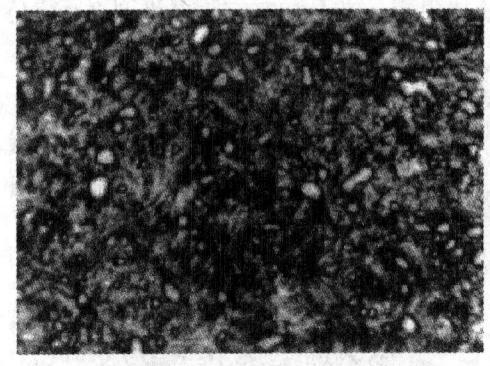
图 1-5-12　T12 钢 400℃回火后的回火托氏体组织(500×)

图 1-5-13　45 钢 600℃回火后的回火索氏体组织(500×)

三、实验设备及材料

1. 金相显微镜。
2. 经过不同热处理的金相试样。
3. 相应的金相图谱、放大的金相照片(包括各种电镜照片)。

四、实验方法

1. 选择不同热处理条件下的典型的金相试样供学生进行观察和分析。

2. 学生在观察时可根据 $Fe-Fe_3C$ 相图和等温转变图以及 CCT 曲线图来分析和判断各试样应有的组织和形成条件。表 1-5-1 列出了不同材料热处理后的显微组织特征,供实验时参考。

3. 画出所观察试样的组织形态特征,并注明组织的名称、热处理条件及放大倍数等。

4. 观察时注意对比不同热处理条件下组织之间的差别,对差别不大,不易区分的组织(如回火组织)可在教师的指导下采用不同的放大倍数进行观察,并可参考有关的金相标准,以便切实掌握这些组织的特征。

五、实验报告及要求

1. 简述实验目的和实验原理。
2. 画出观察到的金相组织图。
3. 分析不同热处理条件下金相组织的形成原因、组织组成、组织特征以及对性能的影响等。

表 1-5-1　不同热处理后的典型显微组织特征

序号	材料	热处理工艺	显微组织特征	放大倍数	备注
1	45钢	退火:860℃炉冷	珠光体+铁素体(亮白色块状)	400×	
2	T12	退火:760℃球化	铁素体+球状渗碳体(细粒状)	500×	

(续)

序号	材料	热处理工艺	显微组织特征	放大倍数	备注
3	45钢	正火：860℃空冷	细珠光体＋铁素体(块状)	400×	
4	60Si2Mn	等温淬火：450℃	羽毛状贝氏体＋马氏体＋残留奥氏体	500×	等温淬火时间不足
5	T12	等温淬火：250℃	针片状贝氏体＋马氏体＋残留奥氏体	500×	等温淬火时间不足
6	20钢	淬火：920℃水冷	板条状马氏体	400×	
7	T12	淬火：1000℃水冷	粗片状马氏体＋残留奥氏体(亮白色)	500×	
8	45钢	淬火：860℃水冷	细针状马氏体	500×	正常淬火
9	45钢	淬火：760℃水冷	针状马氏体＋部分铁素体(白色块状)	400×	不完全淬火
10	45钢	淬火：860℃油冷	细针状马氏体＋托氏体(暗黑色块状)	400×	冷却速度不足
11	45钢	淬火：1000℃水冷	粗针状马氏体＋残留奥氏体(亮白色)	400×	过热淬火
12	T12	860℃水淬，200℃回火	细针状回火马氏体(暗黑色针状)	400×	
13	T12	860℃水淬，400℃回火	针状铁素体＋不规则粒状渗碳体	500×	
14	45钢	860℃水淬，600℃回火	等轴状铁素体＋粒状渗碳体	500×	

实验六 工业用钢、铸铁、有色合金、粉末冶金的金相组织观察

一、实验目的
1. 了解工业用钢、铸铁、有色合金、粉末冶金的金相组织及特征。
2. 分析上述金属材料金相组织及其与性能的关系。

二、实验原理概述

(一) 工业用钢的组织特点

1. 合金结构钢

合金结构钢的组织特征与碳钢相似。由于合金元素的加入，使其组织细化、淬透性增加。

图 1-6-1 所示为 45 钢和 40Cr 的淬火组织。

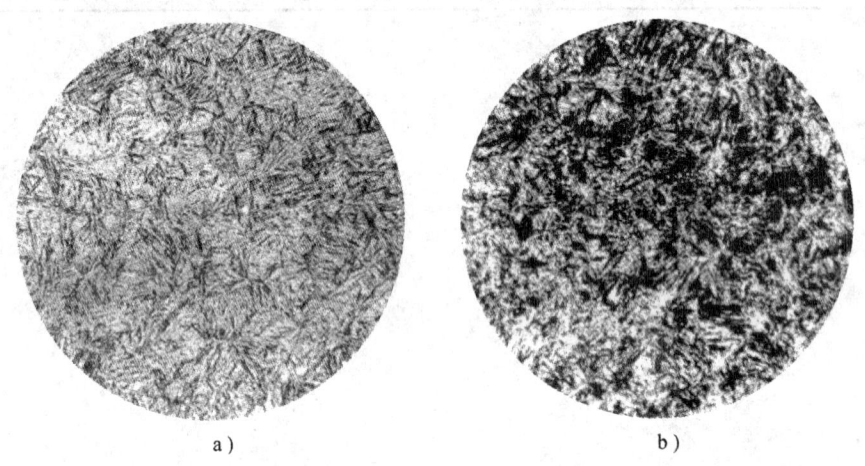

图 1-6-1 45 钢和 40Cr 淬火的显微组织
a) 45 钢淬火的显微组织 b) 40Cr 淬火的显微组织

2. 合金工具钢

合金工具钢中主要观察高速钢 W18Cr4V 的金相组织。

高速钢的铸态组织：由于大量合金元素的存在(大于 20%)，虽然碳的质量分数只有 0.7%~0.8%，但是其组织为：共晶莱氏体(白色骨骼状碳化物)+马氏体(白色)+残余奥氏体(白色)+托氏体(黑色)，如图 1-6-2a 所示。

铸态组织中由于存在大块状的碳化物，因而使高速钢的性能变得硬而脆，不能直接使用，必须经过锻打、退火处理，使其成为碳化物呈细小颗粒并且均匀分

布。退火组织为：索氏体 + 碳化物，如图 1-6-2b 所示。

淬火组织：为了获得高的热硬性，高速钢淬火时必须淬火加热到很高温度（1280℃），以保证合金元素充分溶解到奥氏体中。淬火后的组织为：马氏体 + 大量的残留奥氏体 + 一次碳化物颗粒，如图 1-6-2c 所示。

回火组织：为了消除大量的残留奥氏体，需经 3 次 560℃高温回火。其金相组织为：回火马氏体（黑色） + 少量残留奥氏体 + 碳化物（白色小颗粒），如图 1-6-2d 所示。

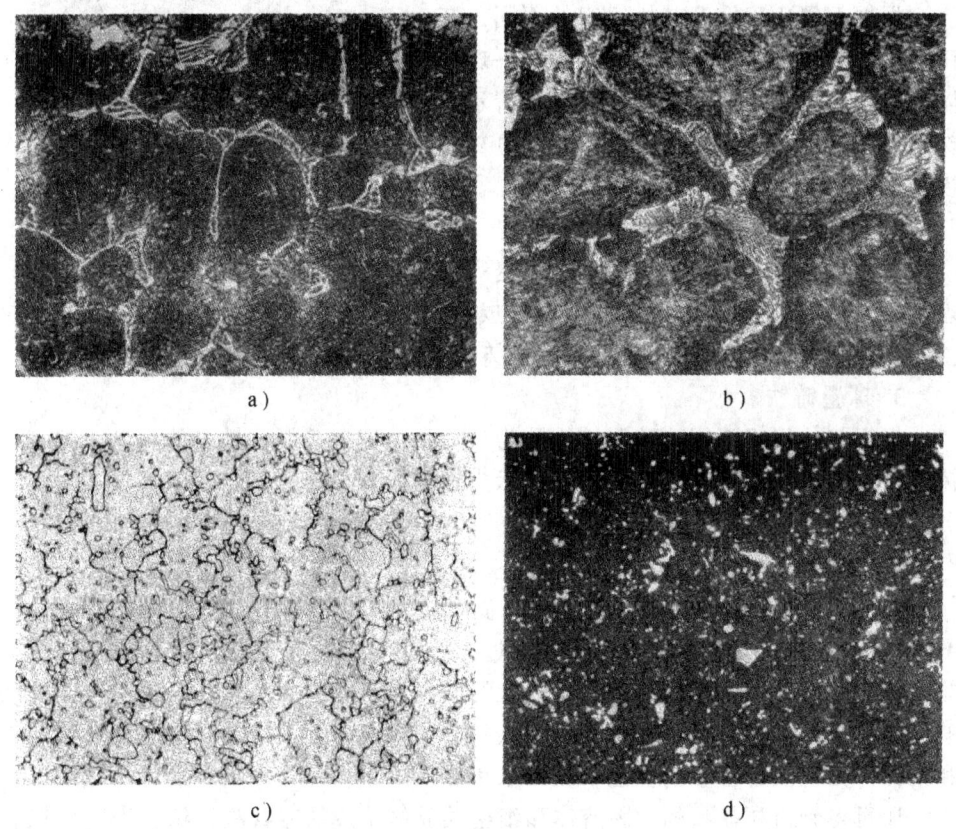

图 1-6-2　W18Cr4V 钢的显微组织
a) W18Cr4V 钢的铸态显微组织　b) W18Cr4V 钢经锻造和退火后的显微组织
c) W18Cr4V 钢淬火后的显微组织　d) W18Cr4V 钢淬火及回火后的显微组织

3. 不锈钢

不锈钢在大气、海水及化学介质中具有良好的抗腐蚀能力，如 1Cr18Ni9Ti。其中铬主要是产生钝化作用，提高电极电位而使钢的抗腐蚀性加强。镍的加入使 γ 相区扩大及 Ms 点降低，以保证室温下获得奥氏体组织。

1Cr18Ni9Ti 钢自 1050℃水冷至室温的组织是单相奥氏体晶粒，并有明显的孪晶面，如图 1-6-3 所示。

(二) 铸铁

根据石墨的形态、大小和分布情况不同,铸铁可分为灰铸铁(石墨呈片条状),可锻铸铁(石墨呈团絮条状)和球墨铸铁(石墨呈圆球状)。

1. 灰铸铁

根据石墨化程度及基体组织的不同,灰铸铁可分为:铁素体灰铸铁;铁素体—珠光体灰铸铁;珠光体灰铸铁。图1-6-4a所示为珠光体(暗黑色)加少量铁素体(白色)灰铸铁。

图1-6-3 1Cr18Ni9Ti钢自1050℃水冷至室温的显微组织

2. 可锻铸铁

可锻铸铁是由白口铸铁经石墨化退火处理而得。退火过程中渗碳体发生分解形成团絮状石墨。根据基体组织不同,可锻铸铁又分为铁素体可锻铸铁和珠光体可锻铸铁。图1-6-4b所示为铁素体可锻铸铁。

3. 球墨铸铁

根据基体组织不同,球墨铸铁分为:铁素体球墨铸铁;铁素体—珠光体球墨铸铁;珠光体球墨铸铁。图1-6-4c所示为铁素体球墨铸铁。

(三) 有色合金

1. 铝合金

铸造铝合金中常用的是铝-硅系合金(w_{Si}10%~13%),常称"铝硅明"。由Al-Si合金相图可知该成分在共晶点附近,所以铸造性能优良,产生铸造裂纹的倾向小。但组织是α固溶体和粗大针状的硅晶体组成的共晶体及少量呈多面体状的初生硅晶体,如图1-6-5a所示。粗大的硅晶体极脆,严重地降低了合金的塑性和韧性。为了改善合金的性能,通常采用变质处理。经变质处理后,不仅组织细化,还可得到由枝晶状的α固溶体和细密共晶体组成的亚共晶组织,因而使铝合金的强度和塑性显著提高。变质后的组织如图1-6-5b所示。

2. 铜合金

工业上最常用的铜合金有铜锌合金(黄铜)、铜锡合金(锡青铜)、铜铝合金(铝青铜)、铜铍合金(铍青铜)、铜镍合金(白铜)等。

以黄铜为例,常用的黄铜锌的质量分数均在45%以下。由Cu-Zn合金相图可知,锌的质量分数少于39%的黄铜组织为单相α固溶体,称为α黄铜或单相黄铜,如图1-6-6a所示。

锌的质量分数在39%~45%的黄铜呈α+β两相组织,称两相黄铜,黄铜H62的显微组织如图1-6-6b所示。

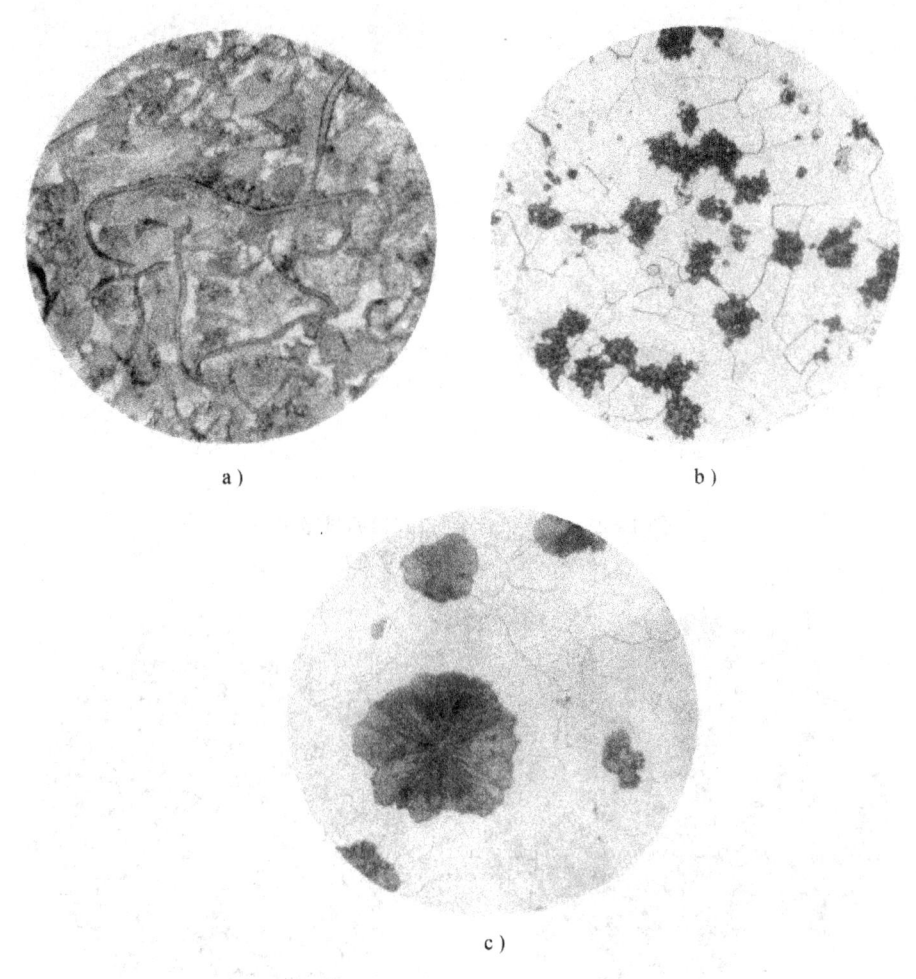

图 1-6-4 铸铁显微组织
a）珠光体加少量铁素体灰铸铁的显微组织 b）铁素体可锻铸铁显微组织
c）铁素体球墨铸铁显微组织

3．轴承合金

轴承合金又称巴氏合金，用来制造滑动轴承的轴瓦和内衬。常用的锡基轴承合金为 ZSnSb11Cu6，该合金的成分中除 $w_{Sn}83\%$ 外还含有 $w_{Sb}11\%$ 及 $w_{Cu}6\%$。

合金中的组织主要有以 Sb 溶于 Sn 中的的 α 固溶体为软基体和以 Sn-Sb 为基体的有序固溶体 β 相为硬质点。为消除由于 β 相密度小而易上浮所造成的密度偏析，合金中加入铜形成 Cu_6Sn_5。Cu_6Sn_5 在液体冷却时最先结晶成树枝状晶体，能阻碍 β 相上浮，因而使合金获得较均匀的组织。图 1-6-7 为 ZSnSb11Cu6 合金的金相组织，暗黑色基体为软的 α 相，白色方块为硬的 β 相，白色枝晶状析出物为

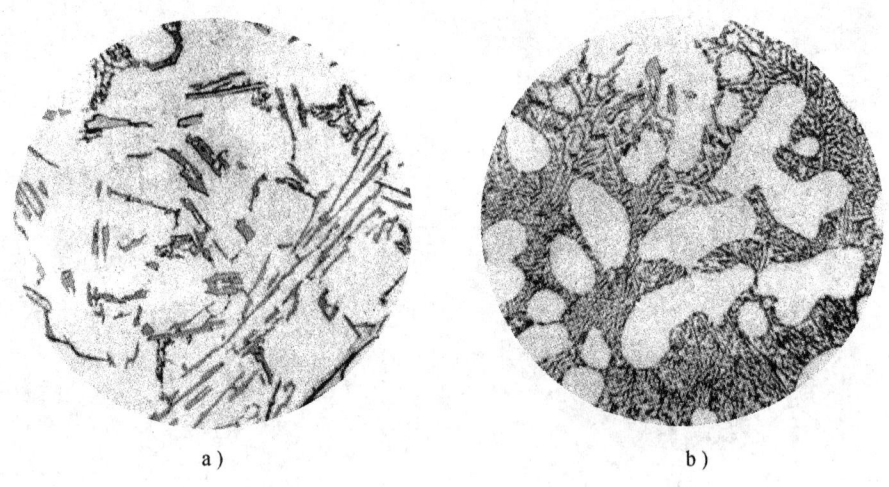

图 1-6-5 铸造铝合金(ZL102)的显微组织
a) 未变质处理 b) 已变质处理

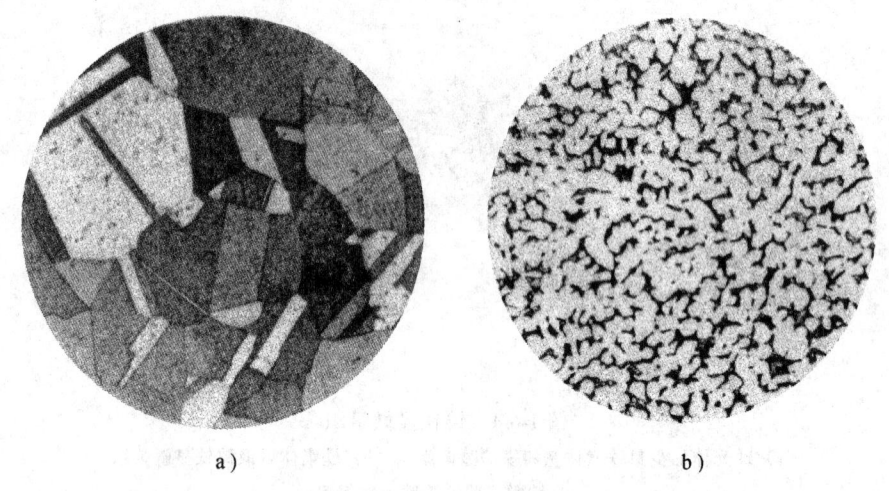

图 1-6-6 黄铜的显微组织
a) 单相黄铜(H70)的显微组织 b) 两相黄铜(H62)的显微组织

Cu_6Sn_5，它也起硬质点的作用。这种软基体硬质点混合组织能保证轴承合金具有必要的强度、塑性和韧性，以及良好的减磨性。

（四）粉末冶金

1. 钨钴类

钨钴类硬质合金的显微组织一般由两相组成：WC + Co 相。WC 为三角形、四边形及其他不规则形状的白色颗粒；Co 相是 WC 溶于 Co 内的固溶体，作为粘接相，呈黑色。随着 Co 的质量分数的增加，Co 相增多，如图 1-6-8a 所示。

2. 钨钴钛类

钨钴钛类硬质合金的显微组织一般由三相组成：WC + Ti 相 + Co 相。WC 为三角形、四边形及其他不规则形状的白色颗粒，Ti 相是 WC 溶于 TiC 内的固溶体，在显微镜下呈黄色；Co 相是 WC、TiC 溶于 Co 内的固溶体，作为粘接相，呈黑色，如图 1-6-8b 所示。

三、设备及材料

1. 金相显微镜。
2. 上述材料的金相试样及金相放大照片。

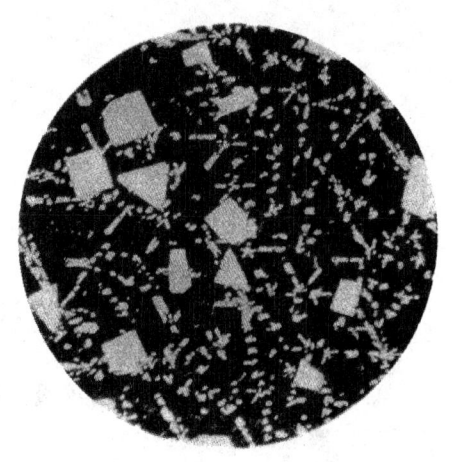

图 1-6-7 轴承合金的显微组织

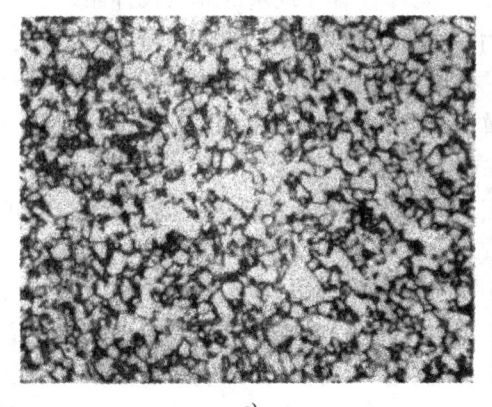 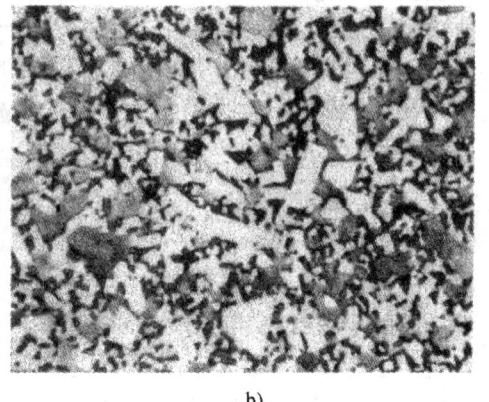

a)   b)

图 1-6-8 硬质合金的显微组织
a) 钨钴类硬质合金的显微组织   b) 钨钴钛类硬质合金的显微组织

四、实验方法

1. 观察试样，分清各组织形态特征。
2. 画出带＊试样的组织图，并标出各物相。

五、实验报告及要求

1. 写出实验名称及目的。
2. 画出所要求的金相组织示意图，并标出各物相。
3. 根据观察，分析各类材料的显微组织特征及组织对性能的影响。

实验七 钢的淬透性实验

一、实验目的
1. 了解淬透性的概念。
2. 学会末端淬火法测定钢的淬透性。
3. 了解淬透性曲线的应用。
4. 比较 45 钢和 40Cr 钢的淬透性高低。

二、实验原理概述

淬透性是钢的一种重要的热处理工艺性能,是钢的一种属性,指钢淬火时形成马氏体的能力。一般以圆柱形试样的淬透层深度或沿截面硬度分布曲线表示。淬透性的评定标准通常认为:除马氏体外,允许含有一定量的非马氏体组织。一般采用表面至半马氏体组织(即该层是由 50% 马氏体和 50% 非马氏体组织组成)的距离作为淬硬层深度,并用这个淬硬层深度作为评定淬透性标准(选定这个标准的理由:半马氏体区不但很容易由显微镜识别出来而且也容易由硬度的变化予以测定)。淬透层越深,表明钢的淬透性越高。

根据国家标准(GB/T225—1988)规定,钢的淬透性用末端淬火法测定。测定时将标准试样(ϕ25mm×100mm)按规定的奥氏体化条件加热后,迅速取出放入末端淬火试验机的试样架孔中,立即由末端喷水冷却。因试样是一端喷水冷却,故水冷端的冷速最快,越往上冷的越慢,头部的冷速相当空冷。因此沿试样长度方向上由于冷却条件的不同,获得的组织和性能也将不同。冷却完毕后沿试样两侧长度方向每隔一定间距测量一个硬度值,即可得到沿长度方向上的硬度变化,所得曲线即为该钢的淬透性曲线,如图 1-7-1 所示。对同一牌号的钢,由于化学成

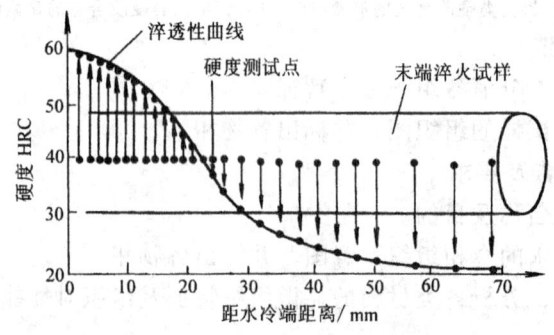

图 1-7-1 钢的淬透性曲线

分和晶粒度的差异，淬透性曲线实际上为一定波动范围的淬透性带。

影响淬透性的因素有合金元素的种类及质量分数、碳的质量分数、奥氏体化温度、未溶的第二相。其中合金元素影响最大。除钴以外，其他合金元素都提高淬透性。

淬透性曲线的实际应用：

1．近端面1.5mm处的硬度可代表钢的淬硬性。因这点的硬度在一般情况下，表示99.9%马氏体的硬度。

2．曲线上拐点处的硬度大致是50%马氏体的硬度。该点离水冷端距离的远近即表示钢的淬透性大小。

3．整个曲线上的硬度分布情况，特别是在拐点附近，硬度变化平稳标志着钢的淬透性大，变化剧烈标志着淬透性小。

4．钢的淬透性不同，可作为机器零件的选材和制定热处理工艺的重要依据。

5．确定钢的临界淬火直径。

6．确定钢件截面上的硬度分布。

三、实验设备及材料

1．箱式电炉

2．末端淬火试验机

3．洛氏硬度机

4．砂轮机

5．45钢和40Cr钢标准试样

6．游标卡尺

四、实验内容及方法

1．淬火装置

淬火装置如图1-7-2所示，主要由支架和喷水管组成。试样吊挂在支架上，用向上喷射的水流使试样端面淬火。

喷水管至试样下端面的距离应按照标准设置，支架应保证试样的轴线与喷水口的中心线在同一直线上，而且在淬火期间保持位置不变。

未放置试样时，从喷水管射出水流的自由高度应稳定在(65±5)mm。

2．试样的加热

试样应均匀地加热，在有关产品技术条件或特殊协议中规定的温度下保温

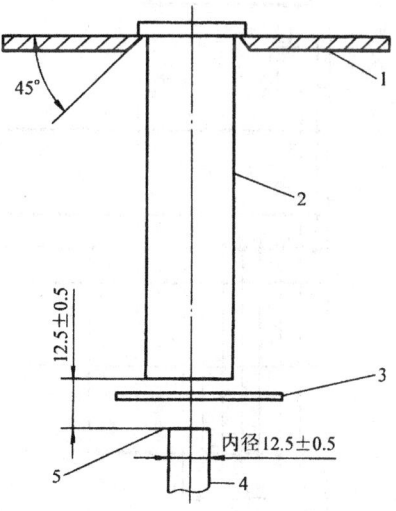

图1-7-2 淬火装置示意图
1—试样支架 2—试样位置 3—挡水板
4—喷水管 5—喷水口

(30±5)min。试样在加热和保温时,应采取预防措施防止试样脱碳、渗碳或产生明显的氧化。

3. 淬火

试样支架应保持干燥。在试样安放到支架上的过程中应防止水溅到试样上。可在喷水管口上方添加活动挡水板,以使水的射流快速喷出和切断。在淬火过程中应防止向试样吹风。

从炉中取出试样到开始向试样端面喷水延迟的时间不得超过5s。

喷水时间至少应为10min,此后可将试样浸入水中完全冷却。水温应在10~30℃之间。

4. 硬度测量

(1) 首先在平行于试样轴线方向上磨制出两个相互平行的平面,磨削深度为0.4~0.5mm。磨制硬度测试平面时,必须用充足的冷却液防止试样由于磨削生热而引起组织发生变化。

(2) 测量硬度时,试样和支架之间应良好地固定。然后在1470N(150kgf)试验力下测量洛氏硬度HRC值或在294N(30kgf)试验力下测量维氏硬度HV值。

(3) 硬度测量点的确定如图1-7-3所示。通常测量离开淬火端面1.5、3、5、7、9、11、13、15mm八个点和以后间距为5mm的各点的硬度值,直至30~50mm处。

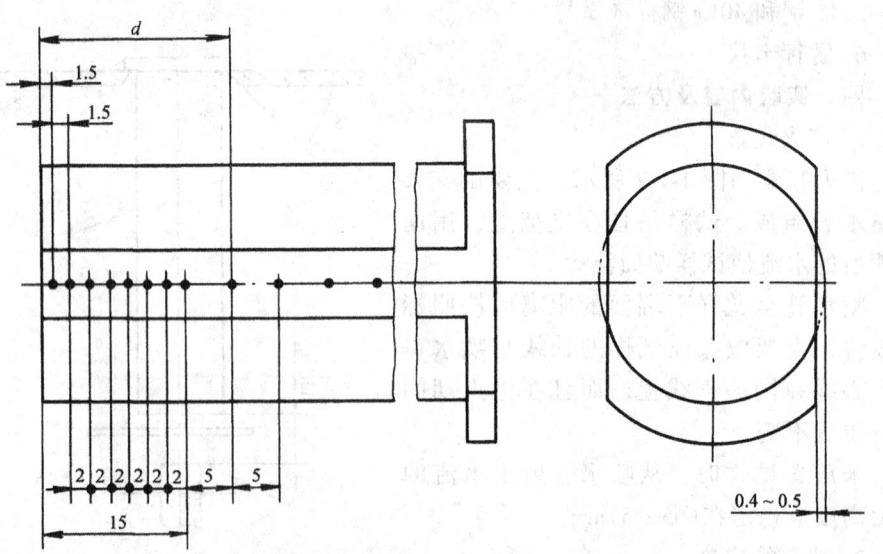

图1-7-3 硬度测量点的确定

5. 试验结果的表示

距淬火端面任一规定距离的硬度值为两个测试平面上硬度测量结果的平均值。

以横坐标表示距淬火端面的距离，以纵坐标表示相应距离处的硬度值，绘制硬度变化曲线，得到钢的淬透性曲线。

6. 根据测得的淬透性曲线，分析所试验材料的淬透性和特点。

五、实验报告及要求

1. 写出实验名称及目的
2. 简述末端淬火法的试验原理和方法。
3. 列出实验数据，绘制出 45 钢和 40Cr 钢的淬透性曲线。
4. 说明淬透性的实际意义。
5. 实验中存在的问题及体会。

实验八　金属的冷变形强化与再结晶对金属组织和性能的影响

一、实验目的

1. 了解金属的冷变形强化与组织、性能之间的变化关系以及冷变形强化后的金属在加热时组织及性能的变化，使学生掌握和巩固对冷变形强化和再结晶概念的理解。

2. 了解应用再结晶退火提高塑性的方法。

二、实验原理概述

当作用在物体上的外力取消后，物体的变形不能完全恢复，而产生一部分永久变形，称为塑性变形。金属在冷塑性变形时，随着滑移过程的进行，在滑移面上产生一些微小的碎晶块，使滑移面附近的晶格产生畸变，晶粒碎化，使晶界处位错塞积，产生较大内应力，增加了继续滑移的阻力，使继续变形越来越困难，结果造成了硬度、强度升高，而塑性、韧性下降，这种现象称为冷变形强化。利用冷变形强化的原理可以提高金属的强度、硬度和耐磨性，如形变铝合金、奥氏体不锈钢、纯金属等。但是，在压力加工生产中，冷变形强化会给金属的进一步塑性变形带来困难，因此常常在变形工序之间采用中间退火的方法来消除冷变形强化，以恢复金属的塑性。中间退火(再结晶退火)的作用就是给予发生冷塑性变形后金属中的原子一定的活动能量，使其重新排列，趋于稳定。这个过程随温度的升高，将会相继发生回复、再结晶和晶粒长大三个阶段的组织与性能变化，尤其是在再结晶过程中，温度的升高使金属原子活动能力增大，使变形和破碎的晶粒通过重新生核和长大而形成新的等轴晶粒，此时的金属显微组织发生了彻底的变化，强度和硬度显著降低，而塑性和韧性重新提高，冷变形强化现象消除。再结晶是在一定温度范围内进行的，开始产生再结晶现象时的最低温度称为再结晶温度，用 $T_{再}$ 表示，单位为 K。$T_{再}$ 按下列经验公式进行近似计算：

纯金属　　$T_{再} \approx 0.4 T_{熔}$

碳　钢　　$T_{再} \approx 0.5 T_{熔}$

合金钢　　$T_{再} \approx 0.6 T_{熔}$

式中　$T_{熔}$——金属的熔化温度(K)。

在生产中，为了加快再结晶过程，缩短退火周期，实际再结晶退火温度可比计算的最低再结晶温度近似值提高 100~200℃。

三、实验设备及材料

压力试验机或万能试验机；维氏硬度计；电阻加热炉；热电偶及测温仪表；

三氯乙烷；手锯或砂轮切割机；台虎钳；手锤；金相显微镜；金相制样设备与工具等。

实验材料为退火状态的工业纯铝或工业纯铁（或用低碳钢代替）。若采用冷镦粗变形试验，试样制成 $\phi 25mm \times 25mm$ 的圆柱体。若采用反复弯曲变形作试验，试样可制成 $8mm \times 15mm$ 的横截面扁条形（长度自定）。若采用其他方式进行冷变形强化试验，试样形状及尺寸由实验者自定。

四、实验方法

将退火的工业纯铝或工业纯铁（或低碳钢）制成 $\phi_0 = 25mm$，$h_0 = 25mm$ 的圆柱，在室温下冷镦粗变形和再结晶退火试验。

1. 先将试样全部和砧铁表面用三氯乙烷脱脂后，再将试样放到砧铁中央。

2. 以缓慢的速度（约 1mm/min）加试验力，每压下 0.5mm，记录一次试验力数据，并按压缩率 20%、30%、40%、50% 分别压制四个试样。（由于试样端面与砧铁表面有较大摩擦，压缩后的试样侧面为鼓形，如图 1-8-1 所示，表明试样内部变形是不均匀的。）

3. 卸载试验力，取下试样，然后将试样沿轴线切开，按图 1-8-2 所示均匀分布的 9 个点用维氏硬度计测量硬度，记录下每一点的硬度数值。

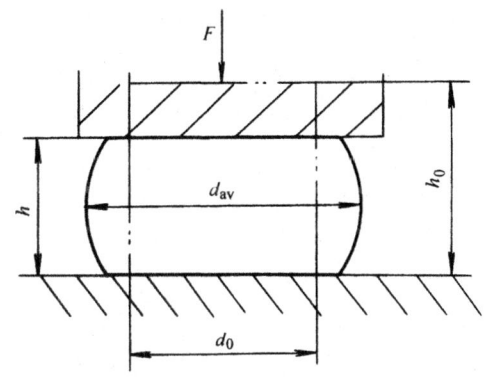
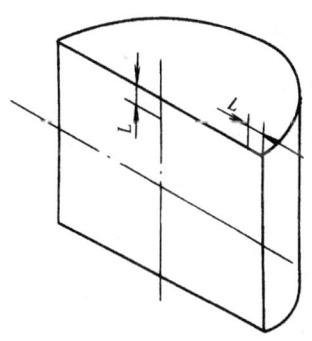

图 1-8-1　压缩后的试样　　　　图 1-8-2　硬度测定位置示意图

4. 将以上测量完硬度的冷变形试样，再按制备金相试样的方法制作金相试样，分别在显微镜下观察塑性变形后的组织状态。

5. 按 2 的方法再压制四个试样，压缩率仍然分别取 20%、30%、40% 和 50%，然后分别测定其上表面硬度（可测 2~3 个点，取平均值），做好记录（以便与再结晶退火后的硬度比较）。

6. 将 5 测量完硬度的试样进行再结晶退火并测定再结晶退火后试样的硬度（与 5 方法测定的位置大致相同），做好记录。再进行金相试样制作，在显微镜下观察组织(注意与未进行再结晶退火试样组织的比较)。

7. 镦粗试样时应注意观察试验力变化对试样形状变化的影响,及时准确记录数据,同时注意安全。按操作要求使用金相显微镜和维氏硬度计。

五、实验报告及要求

1. 说明实验原理,列出所需设备、仪器和材料,设计实验表格,对实验结果进行必要的讨论,独立完成实验报告。

2. 根据实验数据,用下列公式计算表面平均应力 σ_{av} 和压缩率 γ,并画出 $\sigma_{av} - \gamma$ 曲线,说明变形程度与金属强度之间的关系。

$$\sigma_{av} = F/\pi d_0^2 h_0/4h$$

$$\gamma = [(h_0 - h)/h_0] \times 100\%$$

式中 h——压缩后的试样高度(mm)。

3. 根据实验数据,说明变形程度与硬度的关系。

4. 比较试样经冷变形强化和再结晶退火后的硬度变化,并分析再结晶退火的作用和应用。

5. 要求学生自行设计实验方案,尽可能做到定量分析。

附录 A 金相显微镜及使用

人们用来观察金属内部组织结构的光学显微镜称为金相显微镜,它是目前研究金属显微组织最常用的重要工具。金相显微镜是根据几何光学的基本原理,由许多光学元件按一定的要求组合而成的精密光学仪器。随着科学技术的进步和发展,金相显微镜在构造、性能等方面也在不断地改进和提高。偏振光、相衬、光的干涉、高低温等特殊光学分析技术在显微镜上的应用,更加扩大了金相显微镜的应用范围。

一、显微镜的基本原理

一般正常人看物体时,明视距离为 250mm 左右,在这个距离正常视力的人可以分辨的两点最小距离约为 0.15~0.3mm,大于或小于这个距离虽然能看见,但不易分辨物体的细微部分,而且眼睛容易疲劳。金属显微组织中的相和各组织组成物之间的距离均小于这个数值,因此必须利用金相显微镜加以放大才能看清。

利用单个凸透镜可以将物体的实像放大,利用一组透镜可以使放大倍数进一步提高,但这些还满足不了对金属显微组织观察的要求,因此,金相显微镜设计时考虑用另一透镜组将第一次放大的像再次进行放大,以得到更高放大倍数的像。根据这一设计,金相显微镜中装有两组放大透镜,靠近物体的一组透镜称为物镜,靠近眼睛进行观察的一组透镜称为目镜。

金相显微镜的成像原理示意图如附图 A-1 所示。物体 AB 置于物镜的一倍焦距(F_1)以外、两倍焦距之内的位置上,通过物镜后可形成一个倒立、放大的实像 A_1B_1,当实像 A_1B_1 位于目镜的一倍焦距 F_2 以内时,则目镜又使 A_1B_1 放大,

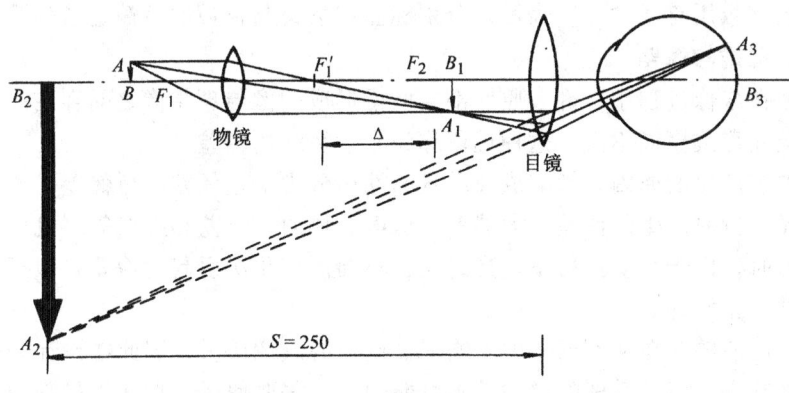

附图 A-1 金相显微镜的成像原理

在目镜的物方两倍焦距以外,得到 A_1B_1 的正立放大的虚像 A_2B_2。这最后映像 A_2B_2 是经过物镜、目镜两次放大后得到的。A_2B_2 又通过眼睛这一光学系统成像于视网膜上(A_3B_3),因而可观察到相对于物体是倒立的放大图像。

显微镜在设计时,让目镜的焦点位置与物镜放大所成的实像位置接近,并使最终的倒立虚像在人的明视距离处(约250mm)成像,这样就可以使人的观察效果最为清晰。

二、显微镜的放大倍数

从显微镜的成像原理可知,显微镜的放大倍数应当是物镜的放大倍数与目镜放大倍数的乘积。物体 AB 经物镜放大后的放大倍数为:

$$M_{物} = \frac{A_1B_1}{AB} = \frac{\Delta + f_1'}{f_1} \approx \frac{\Delta}{f_1}$$

式中　f_1'、f_1——分别为物镜的前焦距和后焦距;

Δ——显微镜的光学镜筒长。

物像 A_1B_1 经目镜放大后的放大倍数为:

$$M_{目} = \frac{A_2B_2}{A_1B_1} \approx \frac{S}{f_2}$$

式中　f_2——目镜的前焦距;

S——人眼的明视距离,一般 $S=250$mm 左右。所以显微镜的总的放大倍数应当是:

$$M = M_{物} M_{目} = \frac{\Delta}{f_1} \frac{250}{f_2}$$

显微镜物镜的放大倍数可达 100 倍,目镜的放大倍数可达 25 倍,通常显微镜设计的最高放大倍数为 1600～2000 倍,但因受物镜分辨能力的限制,一般可放大 1000～1500 倍。

放大倍数用符号"×"表示,分别标注在物镜与目镜的镜筒金属外壳上。

三、透镜的像差

透镜在成像过程中,许多原因都会使得形成的像与理想像之间存在一定的差异,甚至变形或模糊不清,这种现象称为光学系统的像差。

像差按产生的原因和影响成像质量的性质分为单色像差和色像差。单色像差是单色光成像时产生的像差,如球差、像散、场曲、慧差和畸变等。色像差是多色光成像时,由于介质折射率随光的波长不同而变化所引起的像差,包括轴向色差和垂轴色差两种。

由于像差的存在从不同角度影响了显微镜的成像质量,因此在设计制造中应尽量使之减少,但完全削除像差是不可能的,还需要使用者在使用过程中通过适当的操作把像差进一步减小到最小程度。

四、金相显微镜的主要性能

1. 鉴别率

显微镜的鉴别率是指显微镜视场中能够清晰分辨试样上相邻两点之间最小距离的能力，它主要决定于显微镜物镜的鉴别率。鉴别率通常用两个物点之间能清晰分辨的最小距离 d 的倒数来表示，d 越小，鉴别率越高。

显微镜的鉴别率主要取决于入射光的波长和数值孔径，可用下式表示：

$$d = \frac{\lambda}{2NA}$$

式中　λ——入射光的波长；

　　　NA——数值孔径。

从公式中可以看出 NA 越大或 λ 越小，鉴别率就越高。

数值孔径是金相显微镜的一个重要参数，其大小表征了物镜的聚光能力，值越大聚光能力越强，从试样上反射进入物镜的光线越多，从而使显微镜的鉴别能力提高。数值孔径的数学表达式为：

$$NA = n\sin\alpha$$

式中　n——物镜与试样间介质的折射率；

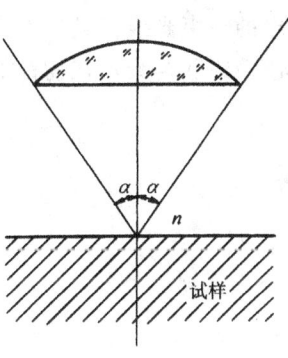

附图 A-2　物镜的孔径角

　　　α——物镜的孔径半角，如附图 A-2 所示。

从公式中可以看出，增加孔径半角和介质的折射率都可使数值孔径增大。增加孔径半角 α 的途径一是增加透镜的直径，二是缩短物镜的焦距。增加透镜的直径会给像差的校正带来困难，因此不实用。增大物镜与试样之间介质的折射率主要是通过选择不同的介质来实现的。例如，空气的折射率为 1，而松柏油的折射率为 1.515。因此，以油为介质的物镜有较大的数值孔径。

物镜的数值孔径与放大倍数一起刻在镜头的外壳上。

2. 有效放大倍数

有效放大倍数是保证物镜充分利用时所对应的显微镜的放大倍数，推导后的公式为：

$$M_{有效} = (0.3 \sim 0.6)\frac{NA}{\lambda}$$

通常显微镜采用黄绿光，则 $\lambda = 5.5 \times 10^{-4}$mm，有效放大倍数近似为

$$M_{有效} = (500 \sim 1000)NA$$

在使用显微镜时，应该根据有效放大倍数来选择物镜与目镜的配合。如果显微镜的放大倍数低于 $500NA$，则没有充分发挥物镜的分辨能力，由于目镜放大倍

数不足，物镜可分辨的细节不能为人眼所分辨。若放大倍数超过 $1000NA$，称为虑伪放大，这时在有效放大倍数内不能分辨的细节仍然看不清楚。

3. 景深

景深反映显微镜对于高低不同的物体能清晰成像的能力，又称垂直鉴别率，可用如下公式表示，单位为 mm：

$$h = \frac{n}{(NA)M} \times (0.15 \sim 0.3)$$

由公式可知，选用数值孔径小的物镜可得到较大的景深，但要降低显微镜的分辨率，因此，在使用中要根据情况进行选择。景深太小，组织高低的细微差别就难以呈现清晰的图像。

五、金相显微镜的结构

随着科学技术的发展，金相显微镜的种类越来越多，技术水平越来越高，但从构造形式上主要分为台式、立式和卧式三种，从组成上一般都由光学系统、照明系统和机械系统三部分组成。

金相显微镜典型的光学系统如附图 A-3 所示。显微镜工作时，灯泡作为光源发出的一束光线，经过聚光透镜组Ⅰ和反光镜被聚集到孔径光栏上，然后经过聚光透镜组Ⅱ再聚焦在物镜的后焦面上，最后光线通过物镜以平行光束照射到试样

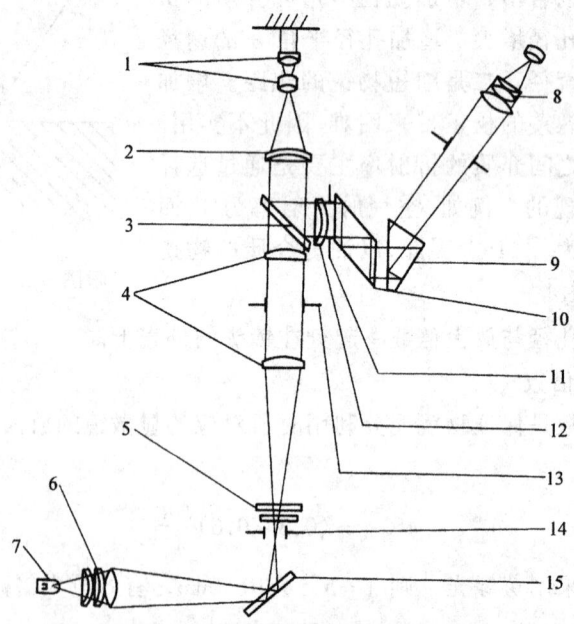

附图 A-3　金相显微镜光学系统

1—物镜组　2—辅助物镜片Ⅰ　3—半透反光镜　4—聚光透镜组Ⅱ　5—滤色片　6—聚光透镜组Ⅰ　7—灯泡　8—目镜组　9—半五角棱镜　10—棱镜　11—消杂光栏　12—辅助物镜片Ⅱ　13—视场光栏　14—孔径光栏　15—反光镜

的表面。从试样表面反射和散射回来的成像光线,又经物镜、辅助物镜片Ⅰ、半透反光镜、辅助物镜片Ⅱ、棱镜及半五角棱镜形成一个放大的实像,该像再次经目镜放大,就成为在目镜视场中能看到的放大的映像。

显微镜的照明系统是利用装在底座内的低压灯泡作为光源,灯前有聚光镜组Ⅰ、反光镜和孔径光栏组等组成的部件以及安装在支架上的视场光栏和另一聚光镜。孔径光栏和视场光栏的作用主要是用来改变成像光束的孔径和视场的大小,在调节过程中,孔径光栏以调到成像清晰为准,视场光栏根据观察的需要调到能看到所需视场大小即可。

常用的普通显微镜的结构如附图 A-4 所示。其主要机械结构包括以下几个部分。

载物台:载物台是放置金相试样的装置。为了防止试样移动还可设置压片组,用来压紧试样。载物台可以用手动方式进行移动。观察试样时,通过水平方向前后、左右地移动,可以对观察部位进行选择。

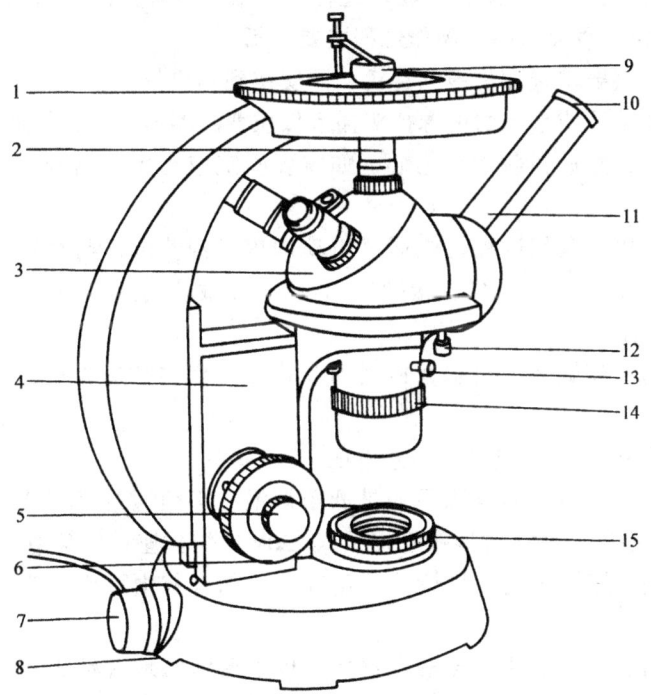

附图 A-4 普通显微镜结构图
1—载物台 2—物镜 3—物镜转换器 4—传动箱 5—微动
调焦手轮 6—粗动调焦手轮 7—光源 8—偏心圈 9—样品
10—目镜 11—目镜管 12—固定螺钉 13—调节螺钉
14—视场光栏 15—孔径光栏

物镜转换器：物镜转换器一般呈球面形，其上可同时安装三个不同放大倍数的物镜，转动物境转换器就可使不同放大倍数的物镜与目镜配合，从而获得需要的放大倍数。

目镜管：目镜管用来放置目镜，呈45°安装在半球形座上，如要拍摄金相照片时还可将目镜管转向水平状态以配合照相装置进行金相摄影。

调焦机构：观察金相试样时，为了获得清晰的物像，必须对物镜与试样之间的距离进行调整，这个过程就是调焦。调焦是通过操作调焦手轮使载物台上升或下降来完成的。调焦机构分为粗动调焦和微动调焦两部分，分别通过粗动调焦手轮和微动调焦手轮进行操作。旋转粗动调焦手轮，载物台以较快的速度上升和下降，旋转微动手轮，载物台缓慢上下移动。由于微动调焦要求较高，因此微动手轮上刻有刻度值，以便准确调焦。

六、金相显微镜的使用及注意事项

金相显微镜属于精密的光学仪器，因此在使用时必须细心谨慎，使用前应当熟悉金相显微镜的原理和结构，使用过程中严格按照有关操作规程进行操作。

（一）金相显微镜的一般操作规程主要包括：

1．根据观察要求选配物镜和目镜，并安装到相应位置。

2．将显微镜照明系统的电源插头插入低压变压器插孔中，接通电源。

3．将金相试样放在载物台中心，如需要固定应当用载物台上的固定装置进行固定。

4．进行调焦。调焦过程是先通过粗动调焦机构使试样与物镜之间达到一定成像的距离(物镜不能与试样相接触)，然后通过微动调焦机构进一步精确调焦，使成像达到最佳。

5．根据所观察试样的要求，适当调节孔径光栏和视场光栏，以获得最好的物像效果。

（二）使用金相显微镜时的注意事项

1．金相显微镜的照明电源用的是低压灯泡，必须通过降压变压器使用，千万不可将显微镜的照明电源插头直接插入220V电源插座，以免造成事故。

2．不能用手擦拭物镜和目镜的玻璃部分，如有灰尘可用镜头纸或专用毛刷进行清理。

3．不能用手抚摸金相试样的观察面，也不要随意地挪动试样，以免划伤观察面，影响观察效果。

4．使用过程中必须细心操作，不能有粗暴和剧烈的动作，要避免振动。特别是调焦时，动作一定要慢，如遇阻碍时应当立即停止操作，待查明原因后再进行。

5．不允许随便拆卸显微镜的部件，特别是光学系统，以免损坏显微镜或影响显微镜的使用精度。

附录 B 金相试样的制备

在科研和生产实验中,为了研究金属材料的性能,常常要进行金相组织的检验和分析,而光学金相显微分析则是最基本的方法。因此,将待观察的材料制成合乎一定要求的、可供在光学显微镜下观察的金相试样就显得十分重要。制备好的试样应是光滑明亮、无痕、无水渍、无干扰层,并使组织中的夹杂物、石墨不脱落,保证金相分析的正确性。试样制备的好坏,直接影响到组织观察。金属试样制备通常按取样或镶嵌→磨制→抛光→浸蚀等顺序进行。

1. 取样、镶嵌

取样是指由被研究的金属材料或零件上截取具有一定形状和尺寸的试样。取样应根据研究的目的取自有代表性的部位。例如,分析工件破坏和失效原因时,应在破坏部位取样,同时还需在完好的部位取样以便对比分析;检验脱碳层、渗层、镀层、淬火层、晶粒度等应取横向截面;研究带状组织、碳化物分布、夹杂物及塑性变形等试样应截取纵向截面。对于一般热处理后的零件,由于金相组织比较均匀,可在任一截面上截取试样。

取样的方法因金属材料的性能不同而采取不同的方法。对硬度低的材料可用手锯或锯床切割;硬而脆的材料可锤击打下,或用砂轮切割机或线切割。不论采用哪种方法取样,在切取过程中均不得使试样温度升高,以免引起金属组织变化。

试样的大小应便于握持和易于磨制。通常试样采用直径为 10～15mm,高为 12～15mm 的圆柱体或边长为 10～15mm 的立方体。对于形状特殊或尺寸小,不易握持的试样,可采用机械夹持或镶嵌的方法,如附图 B-1 所示。

金相试样的镶嵌可以用专门镶嵌机热嵌,常用的镶嵌材料有电木粉、低熔点合金等。不能加热或加压的试样可用环氧树脂冷嵌,此法不用专门设备,只需把 ϕ10～20mm 的金属套管或塑料管锯成高 10～20mm 的环,放在纸上,试样置于环中(检验面朝下),然后倒入配好的环氧树脂加胺类固化剂填料,放置一段时间凝固硬化即可。

2. 磨制

磨制分为粗磨和细磨,磨制试样时先粗磨后细磨。

(1) 粗磨 将截取好的试样用锉刀或砂轮修整、磨平(硬度低的材料通常用锉刀,硬度高的材料用砂轮机)。粗磨时试样对砂轮的压力不要太大,为了避免试样因受热而引起组织发生变化,可不断用水冷却。不需要检查边缘的试样要倒

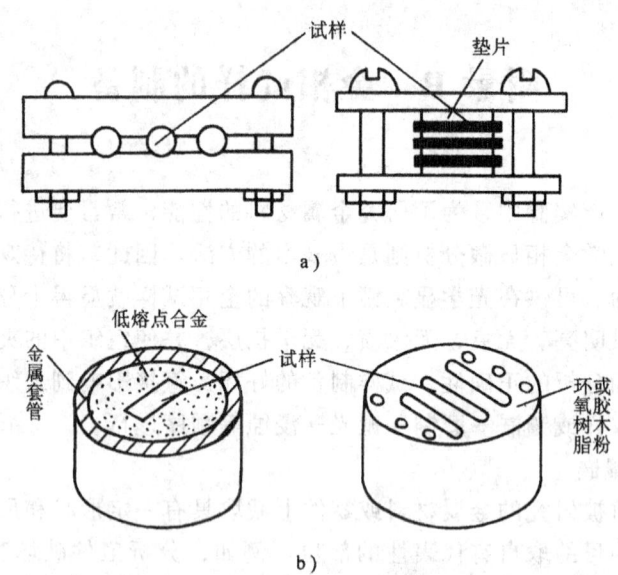

附图 B-1　金相试样的夹持和镶嵌方法
a) 机械夹持法　b) 镶嵌法

角、倒边。

(2) 细磨　细磨的目的是消除试样粗磨时留下的磨痕，为抛光工序做好准备。细磨分为手工磨和机械磨两种。

手工磨制　在磨制时将砂纸放在玻璃板或金属板上，左手压住砂纸，右手握住试样，使磨面朝下并与砂纸接触，稍用压力在砂纸上按一个方向研磨，试样要平稳，用力要均匀，直至磨面上旧的痕迹被去掉，仅留下有一个方向均匀痕迹为止。此时，更换下一张更细的砂纸，将试样上的磨屑和砂粒清理干净，试样转动90°，在新砂纸上进行研磨。如此依次进行下去，直至磨制到最后一号砂纸，得到平整、单向细微磨痕的表面为止。一般材料依次使用 150# 普通砂布及 200#、400# (01)、600# (03)、800# (04) 的金相砂纸磨制即可。

机械磨制　使用金相预磨机磨制，效率较高。磨制时，在预磨机的各磨光盘上，依次装上粗细不等的水砂纸。加水冷却完成磨制。

3. 抛光

抛光的目的是去除磨面上的细微磨痕而获得光滑的镜面，以便浸蚀后显示出组织。抛光的方法有机械抛光、电解抛光和化学抛光。其中以机械抛光应用最广。

机械抛光在专用的金相试样抛光机上进行。抛光机主要是由电动机和抛光盘等组成。抛光盘上装有抛光织物 (如毛呢、法兰绒、平绒、丝绸等)。抛光时，电动机带动抛光盘高速旋转，在抛光盘上滴入抛光液（常用的抛光液是将抛光粉如 Al_2O_3、MgO、Cr_2O_3 及金刚石粉等，其粒度分为 W0.5～W7，数字越小越细，最常用的粒度为 W1、W3 等，加水调成悬浮液），使抛光液嵌入到抛光织物内，对试样磨面起到磨削作用，直至试样表面成为光亮无痕的镜面，抛光即告结束。

4．浸蚀

浸蚀的目的是使试样在显微镜下正确显示出试样的显微组织。因为，抛光后的试样若直接放在显微镜下观察，只能看到光亮的磨面和非金属夹杂物、石墨、裂纹和孔洞。金相试样浸蚀的方法有化学浸蚀法、电解浸蚀法和热染法等。其中常用的是化学浸蚀法，常用的化学浸蚀剂见附录 C。

化学浸蚀法是利用浸蚀剂对试样表面的化学溶解作用或电化学作用，来显示金属的组织。对纯金属或单相合金的浸蚀是一个化学溶解过程。晶界处原子排列杂乱，缺陷多，较易溶解而出现凹沟，而晶粒内部化学成分均匀，原子排列较规则，相比被浸蚀程度轻且均匀。因此，在明场观察时，晶界处的反射光散射，无法进入物镜，发暗呈黑色。同时由于每个晶粒原子排列的位向不同，各晶粒表面溶解的速度也就不同，因此，试样被浸蚀后会出现凹凸不平，在垂直光线的照射下将显示出明暗不同的晶粒，如附图 B-2a 所示。两相及多相合金的浸蚀主要是一个电化学腐蚀过程，由于各相电极电位不同，在浸蚀剂作用下，产生电化学腐蚀。电极电位低的一相为阳极，较易被腐蚀，在两相交界处（相界面）形成凹坑；

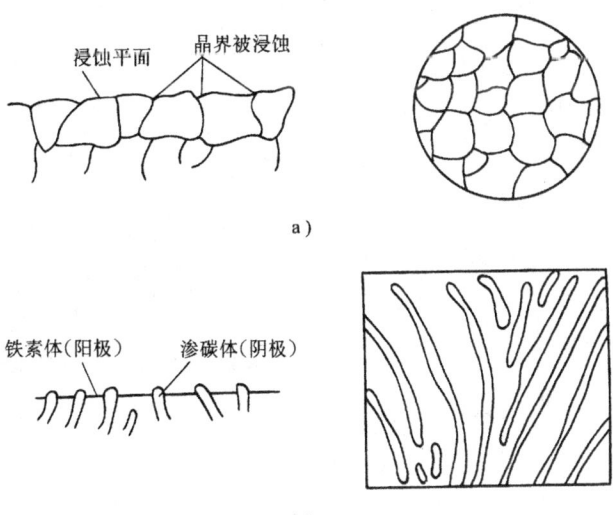

附图 B-2　碳钢单相和双相组织示意图
a）单相　b）双相

电极电位高的一相为阴极，在正常电化学作用下基本不被腐蚀而保持原平整面。当光线照射到凹凸不平的试样表面时，在显微镜下可看到各种不同的组织和组成相，如附图 B-2b 所示。

经浸蚀后的试样用清水冲洗，然后用酒精擦净，再用吹风机吹干，即可在显微镜下观察和分析研究。化学浸蚀操作过程：清洗试样→滴入无水乙醇并吹干→浸蚀→清水冲洗→滴入无水乙醇并吹干。

附录 C 金属材料常用浸蚀剂

序号	试剂	成分		适用范围	注意事项
1	硝酸酒精溶液	硝酸 酒精	1~5mL 100mL	显示碳钢及低碳钢的组织	硝酸含量按材料选择,浸蚀数秒钟
2	苦味酸酒精溶液	苦味酸 酒精	2~10g 100mL	显示钢铁材料的细密组织	浸蚀时间自数秒钟至数分钟
3	苦味酸盐酸酒精溶液	苦味酸 盐酸 酒精	1~5g 5mL 100mL	显示淬火及淬火回火后钢的晶粒和组织	浸蚀时间较上例短数秒钟至1min
4	苛性钠苦味酸水溶液	苛性钠 苦味酸 水	25g 2g 100mL	将钢中的渗碳体染成暗黑色	加热煮沸浸蚀 5~30min
5	氯化铁盐酸水溶液	氯化铁 盐酸 水	5g 50mL 100mL	显示不锈钢、奥氏体高镍钢、铜及铜合金组织,显示奥氏体不锈钢的软化组织	浸蚀至显示组织
6	王水甘油溶液	硝酸 盐酸 甘油	10mL 20~30mL 30mL	显示奥氏体镍铬合金等组织	先将盐酸与甘油充分混合,然后加入硝酸,试样浸蚀前先用开水预热
7	高锰酸钾苛性钠	高锰酸钾 苛性钠	4g 4g	显示高合金钢中的碳化物、σ相等	煮沸使用,浸蚀 1~10min
8	氨水双氧水溶液	氨水(饱和) 双氧水水溶液(3%)	50mL 50mL	显示铜及铜合金组织	随用随配,用棉花蘸取后擦拭
9	氯化铜氨水溶液	氯化铜 氨水(饱和)	8g 100mL	显示铜及铜合金组织	浸蚀 30~60s
10	硝酸铁水溶液	硝酸铁 水	10g 100mL	显示铜合金组织	用棉花擦拭
11	混合酸	氢氟酸(浓) 盐酸 硝酸 水	1mL 1.5mL 2.5mL 95mL	显示硬铝组织	浸蚀 10~20s 或用棉花擦拭
12	氢氟酸水溶液	氢氟酸(浓) 水	0.5mL 99.5mL	显示一般铝合金组织	用棉花擦拭
13	苛性钠水溶液	苛性钠 水	1g 90mL	显示铝及铝合金组织	浸蚀数秒钟

附录 D 压痕直径与布氏硬度对照表

球直径 D mm					F/D^2 $(0.102F/D^2)$						
					30	15	10	5	2.5	1.25	1
					试验力 F/kgf (N)						
10					3000 (29420)	1500 (14710)	1000 (9807)	500 (4903)	250 (2452)	125 (1226)	100 (980.7)
	5				750 (7355)	—	250 (2452)	125 (1226)	62.5 (612.9)	31.25 (306.5)	25 (245.2)
		2.5			187.5 (1839)	—	62.5 (612.9)	31.25 (306.5)	15.625 (153.2)	7.813 (76.61)	6.25 (61.29)
			2		120 (1177)	—	40 (392.3)	20 (196.1)	10 (98.07)	5 (49.03)	4 (39.23)
				1	30 (294.2)	—	10 (98.07)	5 (49.03)	2.5 (24.52)	1.25 (12.26)	1 (9.807)
压痕直径 d/mm					布氏硬度 HBS 或 HBW						
2.40	1.200	0.6000	0.480	0.240	653	327	218	109	54.5	27.2	21.8
2.41	1.205	0.6025	0.482	0.241	648	324	216	108	54.0	27.0	21.6
2.42	1.210	0.6050	0.484	0.242	643	321	214	107	53.5	26.8	21.4
2.43	1.215	0.6075	0.486	0.243	637	319	212	106	53.1	26.5	21.2
2.44	1.220	0.6100	0.488	0.244	632	316	211	105	52.7	26.3	21.1
2.45	1.225	0.6125	0.490	0.245	627	313	209	104	52.2	26.1	20.9
2.46	1.230	0.6150	0.492	0.246	621	311	207	104	51.3	25.9	20.7
2.47	1.235	0.6175	0.494	0.247	616	308	205	103	51.4	25.7	20.5
2.48	1.240	0.6200	0.496	0.248	611	306	204	102	50.9	25.5	20.4
2.49	1.245	0.6225	0.498	0.249	606	303	202	101	50.5	25.3	20.2
2.50	1.250	0.6250	0.500	0.250	601	301	200	100	50.1	25.1	20.0
2.51	1.255	0.6275	0.502	0.251	597	298	199	99.4	49.7	24.9	19.9
2.52	1.260	0.6300	0.504	0.252	592	296	197	98.6	49.3	24.7	19.7
2.53	1.265	0.6325	0.506	0.253	587	294	196	97.8	48.9	24.5	19.6
2.54	1.270	0.6350	0.508	0.254	582	291	194	97.1	48.5	24.3	19.4
2.55	1.275	0.6375	0.510	0.255	578	289	193	96.3	48.1	24.1	19.3
2.56	1.280	0.6400	0.512	0.256	573	287	191	95.5	47.8	23.9	19.1
2.57	1.285	0.6425	0.514	0.257	569	284	190	94.8	47.4	23.7	19.0
2.58	1.290	0.6450	0.516	0.258	564	282	188	94.0	47.0	23.5	18.8
2.59	1.295	0.6475	0.518	0.259	560	280	187	93.3	46.6	23.3	18.7
2.60	1.300	0.6500	0.520	0.260	555	278	185	92.6	46.3	23.1	18.5
2.61	1.305	0.6525	0.522	0.261	551	276	184	91.8	45.9	22.0	18.4
2.62	1.310	0.6550	0.524	0.262	547	273	182	91.1	45.6	22.8	18.2
2.63	1.315	0.6575	0.526	0.263	543	271	181	90.4	45.2	22.6	18.1
2.64	1.320	0.6600	0.528	0.264	533	269	179	89.7	44.9	22.4	17.9

(续)

球直径 D/mm					F/D^2 (0.102F/D^2)						
10	5	2.5	2	1	30	15	10	5	2.5	1.25	1
压痕直径 d/mm					布氏硬度 HBS 或 HBW						
2.65	1.325	0.6625	0.530	0.265	534	267	178	89.0	44.5	22.3	17.8
2.66	1.330	0.6650	0.532	0.266	530	265	177	88.4	44.2	22.1	17.7
2.67	1.335	0.6675	0.534	0.267	526	263	175	87.7	43.8	21.9	17.5
2.68	1.340	0.6700	0.536	0.268	522	261	174	87.0	43.5	21.8	17.4
2.69	1.345	0.6725	0.538	0.269	518	259	173	86.4	43.2	21.6	17.3
2.70	1.350	0.6750	0.540	0.270	514	257	171	85.7	42.9	21.4	17.1
2.71	1.355	0.6775	0.542	0.271	510	255	170	85.1	42.5	21.3	17.0
2.72	1.360	0.6800	0.544	0.272	507	253	169	84.4	42.2	21.1	16.9
2.73	1.365	0.6825	0.546	0.273	503	251	168	83.5	41.9	20.9	16.8
2.74	1.370	0.6850	0.548	0.274	499	250	166	83.2	41.6	20.8	16.6
2.75	1.375	0.6875	0.550	0.275	495	248	165	82.6	41.3	20.6	16.5
2.76	1.380	0.6900	0.552	0.276	492	246	164	81.9	41.1	20.5	16.4
2.77	1.385	0.6925	0.554	0.277	488	244	163	81.3	40.7	20.3	16.3
2.78	1.390	0.6950	0.556	0.278	485	242	162	80.8	40.4	20.2	16.3
2.79	1.395	0.6975	0.558	0.279	481	240	160	80.2	40.1	20.0	16.0
2.80	1.400	0.7000	0.560	0.280	477	239	159	79.6	39.8	19.9	15.9
2.81	1.405	0.7025	0.562	0.281	474	237	158	79.0	39.5	19.8	15.8
2.82	1.410	0.7050	0.564	0.282	471	235	157	78.4	39.2	19.6	15.7
2.83	1.415	0.7075	0.566	0.283	467	234	156	77.9	38.9	19.5	15.6
2.84	1.420	0.7100	0.568	0.284	464	232	155	77.3	38.7	19.3	15.5
2.85	1.425	0.7125	0.570	0.285	461	230	154	76.8	38.4	19.2	15.4
2.86	1.430	0.7150	0.572	0.286	457	229	152	76.2	38.1	19.1	15.2
2.87	1.435	0.7175	0.574	0.287	454	227	151	75.7	37.8	18.9	15.1
2.88	1.440	0.7200	0.576	0.288	451	225	150	75.1	37.6	18.8	15.0
2.89	1.445	0.7225	0.578	0.289	448	224	149	74.6	37.3	18.6	14.9
2.90	1.450	0.7250	0.580	0.290	444	222	148	74.1	37.0	18.5	14.8
2.91	1.455	0.7275	0.582	0.291	441	221	147	73.6	36.8	18.4	14.7
2.92	1.460	0.7300	0.584	0.292	438	219	146	73.0	36.5	18.3	14.6
2.93	1.465	0.7325	0.586	0.293	435	218	145	72.5	36.3	18.1	14.5
2.94	1.470	0.7350	0.588	0.294	432	216	144	72.0	36.0	18.0	14.4
2.95	1.475	0.7375	0.590	0.295	429	215	143	71.5	35.8	17.9	14.3
2.96	1.480	0.7400	0.592	0.296	426	213	142	71.0	35.5	17.9	14.2
2.97	1.485	0.7425	0.594	0.297	423	212	141	70.5	35.3	17.6	14.1
2.98	1.490	0.7450	0.596	0.298	420	210	140	70.1	35.0	17.5	14.0
2.99	1.495	0.7475	0.598	0.299	417	209	139	69.6	34.8	17.4	13.9
3.00	1.500	0.7500	0.600	0.300	415	207	138	69.1	34.6	17.3	12.8
3.01	1.505	0.7525	0.602	0.301	412	206	137	68.6	34.3	17.2	13.7
3.02	1.510	0.7550	0.604	0.302	409	205	136	68.2	34.1	17.0	13.6

(续)

球直径 D/mm					F/D^2 (0.102F/D^2)						
10	5	2.5	2	1	30	15	10	5	2.5	1.25	1
压痕直径 d/mm					布氏硬度 HBS 或 HBW						
3.03	1.515	0.7575	0.606	0.303	406	203	135	67.7	33.9	16.9	13.5
3.04	1.520	0.7600	0.608	0.304	404	202	135	67.3	33.6	16.8	13.5
3.05	1.525	0.7625	0.610	0.305	401	200	134	66.8	33.4	16.7	13.4
3.06	1.530	0.7650	0.612	0.306	398	199	133	66.4	33.2	16.6	13.3
3.07	1.535	0.7675	0.614	0.367	395	198	132	65.9	33.0	16.5	13.2
3.08	1.540	0.7700	0.616	0.308	393	196	131	65.5	32.7	16.4	13.1
3.09	1.545	0.7725	0.618	0.309	390	195	130	65.0	32.5	16.3	13.0
3.10	1.550	0.7750	0.620	0.310	388	194	129	64.6	32.2	16.2	12.9
3.11	1.555	0.7775	0.622	0.311	385	193	128	64.2	32.1	16.0	12.8
3.12	1.560	0.7800	0.624	0.312	383	191	128	63.3	31.9	15.9	12.8
3.13	1.565	0.7825	0.626	0.313	380	190	127	63.3	31.7	15.8	12.7
3.14	1.570	0.7850	0.628	0.314	378	189	126	62.9	31.5	15.7	12.6
3.15	1.575	0.7875	0.630	0.315	375	188	125	62.5	31.3	15.6	12.5
3.16	1.580	0.7900	0.632	0.316	373	186	124	62.1	31.1	15.5	12.4
3.17	1.585	0.7925	0.634	0.317	370	185	123	61.7	30.9	15.4	12.3
3.18	1.590	0.7950	0.636	0.318	368	184	123	61.3	30.7	15.3	12.3
3.19	1.595	0.7975	0.638	0.319	366	183	122	60.9	30.5	15.2	12.2
3.20	1.600	0.8000	0.640	0.320	363	182	121	60.5	30.3	15.1	12.1
3.21	1.605	0.8025	0.642	0.321	361	180	121	60.1	30.1	15.0	12.0
3.22	1.610	0.8050	0.644	0.322	359	179	120	59.8	29.9	14.9	12.0
3.23	1.615	0.8075	0.646	0.323	356	178	119	59.4	29.7	14.8	11.9
3.24	1.620	0.8100	0.648	0.324	354	177	118	59.0	29.5	14.8	11.8
3.25	1.625	0.8125	0.650	0.325	352	176	117	58.6	29.3	14.7	11.7
3.26	1.630	0.8150	0.652	0.326	350	175	117	58.8	29.1	14.6	11.7
3.27	1.635	0.8175	0.654	0.327	347	147	116	57.9	29.0	14.5	11.6
3.28	1.640	0.8200	0.656	0.328	345	173	115	57.5	28.8	14.4	11.5
3.29	1.645	0.8225	0.658	0.329	343	172	114	57.2	28.6	14.3	11.4
3.30	1.650	0.8250	0.660	0.330	314	170	114	56.8	28.4	14.2	11.4
3.31	1.655	0.8275	0.662	0.331	339	169	113	56.5	28.2	14.1	11.3
3.32	1.660	0.8300	0.664	0.332	337	168	112	56.1	28.1	14.0	11.2
3.33	1.665	0.8325	0.666	0.333	335	167	112	55.8	27.9	13.9	11.2
3.34	1.670	0.8350	0.668	0.334	333	166	111	55.4	27.7	13.9	11.1
3.35	1.675	0.8375	0.670	0.335	331	165	110	55.1	27.5	13.8	11.0
3.36	1.680	0.8400	0.672	0.336	329	164	110	54.8	27.4	13.7	11.0
3.37	1.685	0.8425	0.674	0.337	326	163	109	54.4	27.2	13.6	10.9
3.38	1.690	0.8450	0.676	0.338	325	162	108	54.1	27.0	13.5	10.8
3.39	1.695	0.8475	0.678	0.339	323	161	108	53.8	26.9	13.4	10.8
3.40	1.700	0.8500	0.680	0.340	321	160	107	53.4	26.7	13.4	10.7

(续)

球直径 D/mm					F/D^2 ($0.102F/D^2$)						
10	5	2.5	2	1	30	15	10	5	2.5	1.25	1
压痕直径 d/mm					布氏硬度 HBS 或 HBW						
3.41	1.705	0.8525	0.682	0.341	319	159	106	53.1	26.6	13.3	10.6
3.42	1.710	0.8550	0.684	0.342	317	158	106	52.8	26.4	13.2	10.6
3.43	1.715	0.8575	0.686	0.343	315	157	105	52.5	26.2	13.1	10.5
3.44	1.720	0.8600	0.688	0.344	313	156	104	52.2	26.1	13.0	10.4
3.45	1.725	0.8625	0.690	0.345	311	156	104	51.8	25.9	13.0	10.4
3.46	1.730	0.8650	0.692	0.346	309	155	103	51.5	25.9	12.9	10.3
3.47	1.735	0.8675	0.694	0.347	307	154	102	51.2	25.6	12.8	10.2
3.48	1.740	0.8700	0.696	0.348	306	153	102	50.9	25.5	12.7	10.2
3.49	1.745	0.8725	0.698	0.349	304	152	101	50.6	25.3	12.7	10.1
3.50	1.750	0.8750	0.700	0.350	302	151	101	50.3	25.5	12.6	10.1
3.51	1.755	0.8775	0.702	0.351	300	150	100	50.0	25.0	12.5	10.0
3.52	1.760	0.8800	0.704	0.352	298	149	99.5	49.7	24.9	12.4	9.95
3.53	1.765	0.8825	0.706	0.353	297	148	98.9	49.4	24.7	12.4	9.89
3.54	1.770	0.8850	0.708	0.354	295	147	98.3	49.2	24.6	12.3	9.83
3.55	1.775	0.8875	0.710	0.355	293	147	97.7	48.9	24.4	12.2	9.77
3.56	1.780	0.8900	0.712	0.356	292	146	97.2	48.6	24.3	12.1	9.72
3.57	1.785	0.8925	0.714	0.357	290	145	96.6	48.3	24.2	12.1	9.66
3.58	1.790	0.8950	0.716	0.358	288	144	96.1	48.0	24.0	12.0	9.61
3.59	1.795	0.8975	0.7180	0.359	286	143	95.5	47.7	23.9	11.9	9.55
3.60	1.800	0.900	0.720	0.360	285	142	95.0	47.5	23.7	11.9	9.50
3.61	1.805	0.9025	0.722	0.361	283	142	94.4	47.2	23.6	11.8	9.44
3.62	1.810	0.9050	0.724	0.362	282	141	93.9	46.9	23.5	11.7	9.39
3.63	1.815	0.9075	0.726	0.363	280	140	93.3	46.7	23.3	11.7	9.33
3.64	1.820	0.9100	0.728	0.364	278	139	92.8	46.4	23.2	11.6	9.28
3.65	1.825	0.9125	0.730	0.365	277	138	92.3	46.1	23.1	11.5	9.28
3.66	1.830	0.9150	0.732	0.366	275	138	91.8	45.9	22.9	11.5	9.18
3.67	1.835	0.9175	0.734	0.364	274	137	91.2	45.6	22.8	11.4	9.12
3.68	1.840	0.9200	0.736	0.368	272	136	90.7	45.4	22.7	11.3	9.07
3.69	1.845	0.9225	0.738	0.369	271	135	90.2	45.1	22.6	11.3	9.02
3.70	1.850	0.9250	0.740	0.370	269	135	89.7	44.9	22.4	11.2	8.97
3.71	1.855	0.9275	0.742	0.371	268	134	89.2	44.6	22.3	11.2	8.92
3.72	1.860	0.9300	0.744	0.372	266	133	88.7	44.4	22.2	11.1	8.87
3.73	1.865	0.9325	0.746	0.373	265	132	88.2	44.1	22.1	11.0	8.82
3.74	1.870	0.9350	0.748	0.374	263	132	87.7	43.9	21.9	11.0	8.77
3.75	1.875	0.9375	0.750	0.375	262	131	87.2	43.6	21.8	10.9	8.72
3.76	1.880	0.9400	0.752	0.376	260	130	86.8	43.4	21.7	10.8	8.68
3.77	1.885	0.9425	0.754	0.377	259	129	86.8	43.1	21.6	10.8	8.63
3.78	1.890	0.9450	0.756	0.378	257	129	85.8	42.9	21.5	10.7	8.58

(续)

球直径 D/mm					F/D^2 ($0.102F/D^2$)						
10	5	2.5	2	1	30	15	10	5	2.5	1.25	1
压痕直径 d/mm					布氏硬度 HBS 或 HBW						
3.79	1.895	0.9475	0.758	0.379	256	128	85.3	42.7	21.3	10.7	8.53
3.80	1.900	0.9500	0.760	0.380	255	127	84.9	42.4	21.2	10.6	8.49
3.81	1.905	0.9525	0.762	0.381	253	127	84.4	42.2	21.1	10.6	8.44
3.82	1.910	0.9550	0.764	0.382	252	126	83.9	42.0	21.0	10.5	8.39
3.83	1.915	0.9575	0.766	0.383	250	125	83.5	41.7	20.9	10.4	8.35
3.84	1.920	0.9600	0.768	0.834	249	125	83.0	41.5	20.8	10.4	8.30
3.85	1.925	0.9625	0.770	0.385	248	124	82.6	41.3	20.6	10.3	8.26
3.86	1.930	0.9650	0.772	0.386	246	123	82.1	411	20.5	10.3	8.21
3.87	1.935	0.9675	0.774	0.387	245	123	81.7	40.9	20.4	10.2	8.17
3.88	1.940	0.9700	0.776	0.388	244	122	81.3	40.6	20.3	10.2	8.13
3.89	1.945	0.9725	0.778	0.389	242	121	80.8	40.4	20.2	10.1	8.08
3.90	1.950	0.9750	0.780	0.390	241	121	80.4	40.2	20.1	10.0	8.04
3.91	1.955	0.9775	0.782	0.391	240	120	80.0	40.0	20.0	10.0	8.00
3.92	1.960	0.9800	0.784	0.392	239	119	79.5	39.8	19.9	9.94	7.95
3.93	1.965	0.9825	0.786	0.393	237	119	79.1	39.6	19.8	9.89	7.91
3.94	1.970	0.9850	0.788	0.394	236	118	78.7	39.4	19.7	9.84	7.87
3.95	1.975	0.9875	0.790	0.395	235	117	78.3	39.1	19.6	9.79	7.83
3.96	1.980	0.9900	0.792	0.396	234	117	77.9	38.9	19.5	9.73	7.79
3.97	1.985	0.9925	0.794	0.397	232	116	77.5	38.7	19.4	9.68	7.75
3.98	1.990	0.9950	0.796	0.398	231	116	77.1	38.5	19.3	9.63	7.71
3.99	1.995	0.9975	0.798	0.399	230	115	76.7	38.3	19.2	9.58	7.67
4.00	2.000	1.0000	0.800	0.400	229	114	76.3	38.1	19.1	9.53	7.63
4.01	2.005	1.0025	0.802	0.401	228	114	75.9	37.9	19.0	9.48	7.59
4.02	2.010	1.0050	0.804	0.402	226	113	75.5	37.7	18.9	9.43	7.55
4.03	2.015	1.0075	0.806	0.403	225	113	75.1	37.5	18.8	9.38	7.51
4.04	2.020	1.0100	0.808	0.404	224	112	74.7	37.3	18.7	9.34	7.47
4.05	2.025	1.0125	0.810	0.405	223	111	74.3	37.1	18.6	9.29	7.43
4.06	2.030	1.0150	0.812	0.406	222	111	73.9	37.0	18.5	9.24	7.39
4.07	2.035	1.0175	0.814	0.407	221	111	73.5	36.8	18.4	9.19	7.35
4.08	2.040	1.0200	0.816	0.408	219	110	73.2	36.6	18.3	9.14	7.32
4.09	2.045	1.0225	0.818	0.409	218	100	72.8	36.4	18.2	9.10	7.28
4.10	2.050	1.0250	0.820	0.410	217	109	72.4	36.2	18.1	9.05	7.24
4.11	2.055	1.0275	0.822	0.411	216	108	72.0	36.0	18.0	9.01	7.20
4.12	2.060	1.0300	0.824	0.412	215	108	71.7	35.8	17.9	8.96	7.17
4.13	2.05	1.0325	0.826	0.413	214	107	71.3	35.7	17.8	8.91	7.13
4.14	2.070	1.0350	0.828	0.414	213	106	71.0	35.5	17.7	8.87	7.10
4.15	2.075	1.0375	0.830	0.415	212	106	70.6	35.3	17.6	8.82	7.06
4.16	2.080	1.0400	0.832	0.416	211	105	70.2	35.1	17.6	8.78	7.02

(续)

球直径 D/mm					F/D^2 $(0.102F/D^2)$						
10	5	2.5	2	1	30	15	10	5	2.5	1.25	1
压痕直径 d/mm					布氏硬度 HBS 或 HBW						
4.17	2.085	1.0425	0.834	0.417	210	105	69.9	34.9	17.5	8.74	6.99
4.18	2.090	1.0450	0.836	0.418	209	104	69.5	34.8	17.4	8.69	6.95
4.19	2.095	1.0475	0.837	0.419	208	104	69.2	34.6	17.3	8.65	6.92
4.20	2.100	1.0500	0.840	0.420	207	103	68.8	34.4	17.2	8.61	6.88
4.21	2.105	1.0525	0.842	0.421	205	103	68.5	34.2	17.1	8.56	6.85
4.22	2.110	1.0550	0.844	0.422	204	102	68.2	34.1	17.0	8.52	6.82
4.23	2.155	1.0575	0.846	0.423	203	102	67.8	33.9	17.0	8.48	6.78
4.24	2.120	1.0600	0.848	0.424	202	101	67.5	33.7	16.9	8.44	6.75
4.25	2.125	1.0625	0.850	0.425	201	101	67.1	33.6	16.8	8.39	6.71
4.26	2.130	1.0650	0.852	0.426	200	100	66.8	33.4	16.7	8.35	6.68
4.27	2.135	1.0675	0.854	0.427	199	99.7	66.5	33.2	16.6	8.31	6.65
4.28	2.140	1.0700	0.856	0.428	198	99.2	66.2	33.1	16.5	8.27	6.62
4.29	2.145	1.0725	0.858	0.429	198	98.8	65.8	32.9	16.5	8.23	6.58
4.30	2.150	1.0750	0.860	0.430	197	98.3	65.5	32.8	16.4	8.19	6.55
4.31	2.115	1.0775	0.862	0.431	196	97.8	65.2	32.6	16.3	8.15	6.52
4.32	2.160	1.0800	0.864	0.432	195	97.3	64.9	32.4	16.2	8.11	6.49
4.33	2.165	1.0825	0.866	0.433	194	96.8	64.6	32.3	16.1	8.07	6.46
4.34	2.170	1.0850	0.868	0.434	193	96.4	64.2	32.1	16.1	8.03	6.42
4.35	2.175	1.0875	0.870	0.435	192	95.9	63.9	32.0	16.0	7.99	6.39
4.36	2.180	1.0900	0.872	0.436	191	95.4	63.6	31.8	15.9	7.95	6.36
4.37	2.185	1.0925	0.874	0.437	190	95.0	63.3	31.7	15.8	7.92	6.33
4.38	2.190	1.0950	0.876	0.438	189	94.5	63.0	31.5	15.8	7.88	6.30
4.39	2.195	1.0975	0.878	0.439	188	94.1	62.7	31.4	15.7	7.84	6.27
4.40	2.200	1.1000	0.880	0.440	187	93.6	62.4	31.2	15.6	7.80	6.24
4.41	2.205	1.1025	0.882	0.441	186	93.2	62.1	31.1	15.5	7.76	6.21
4.42	2.210	1.1050	0.884	0.442	185	92.7	61.8	30.9	15.5	7.73	6.99
4.43	2.215	1.1075	0.886	0.443	185	92.3	61.5	30.8	15.4	7.69	6.15
4.44	2.220	1.1100	0.888	0.444	184	91.8	61.2	30.6	15.3	7.65	6.12
4.45	2.225	1.1125	0.890	0.445	183	91.4	60.9	30.5	15.2	7.62	6.09
4.46	2.230	1.1150	0.892	0.446	182	91.0	60.6	30.3	15.2	7.58	6.06
4.47	2.235	1.1175	0.894	0.447	181	90.6	60.4	30.2	15.1	7.55	6.04
4.48	2.240	1.1200	0.896	0.448	180	90.1	60.1	30.0	15.0	7.51	6.01
4.49	2.245	1.1225	0.898	0.449	179	89.7	59.8	29.9	14.9	7.47	5.98
4.50	2.250	1.1250	0.900	0.450	179	89.3	59.5	29.8	14.9	7.44	5.95
4.51	2.255	1.1275	0.902	0.451	178	88.9	59.2	29.6	14.8	7.40	5.92
4.52	2.260	1.1300	0.904	0.452	177	88.4	59.0	29.5	14.7	7.37	5.90
4.53	2.265	1.1325	0.906	0.453	176	88.0	58.7	29.3	14.7	7.34	5.87
4.54	2.270	1.1350	0.908	0.454	175	87.6	58.4	29.2	14.6	7.30	5.84

(续)

球直径 D/mm					F/D^2 ($0.102F/D^2$)						
10	5	2.5	2	1	30	15	10	5	2.5	1.25	1
压痕直径 d/mm					布氏硬度 HBS 或 HBW						
4.55	2.275	1.1375	0.910	0.455	174	87.2	58.1	29.1	14.5	7.27	5.81
4.56	2.280	1.1400	0.912	0.456	174	86.8	57.9	28.9	14.5	7.23	5.79
4.57	2.285	1.1425	0.914	0.457	173	86.4	57.6	28.8	14.4	7.20	5.76
4.58	2.290	1.1450	0.916	0.458	172	86.0	57.3	28.7	14.3	7.17	5.73
4.59	2.295	1.1475	0.918	0.459	171	85.0	57.1	28.5	14.3	7.13	5.71
4.60	2.300	1.1500	0.920	0.460	170	85.2	56.8	28.4	14.2	7.10	5.68
4.61	2.305	1.1525	0.922	0.461	170	84.8	56.5	28.3	14.1	7.07	5.65
4.62	2.310	1.1550	0.924	0.462	169	84.4	56.3	28.1	14.1	7.03	5.63
4.63	2.315	1.1575	0.926	0.463	168	84.0	56.0	28.0	14.0	7.00	5.60
4.64	2.320	1.1600	0.928	0.464	167	83.6	55.8	27.9	13.9	6.97	5.58
4.65	2.325	1.1625	0.930	0.465	167	83.3	55.5	27.8	13.9	6.94	5.55
4.66	2.330	1.1650	0.932	0.466	166	83.9	55.3	27.6	13.8	6.91	5.53
4.67	2.335	1.1675	0.934	0.467	165	82.5	55.0	27.5	13.8	6.88	5.50
4.68	2.340	1.1700	0.936	0.468	164	82.1	54.8	27.4	13.7	6.84	5.48
4.69	2.345	1.1725	0.938	0.469	164	81.8	54.5	27.3	13.6	6.81	5.45
4.70	2.350	1.1750	0.940	0.470	163	81.4	54.3	27.1	13.6	6.78	5.48
4.71	2.355	1.1775	0.942	0.471	162	81.0	54.0	27.0	13.5	6.75	5.40
4.72	2.360	1.1800	0.944	0.472	161	80.7	53.8	26.9	13.4	6.72	5.38
4.73	2.365	1.1825	0.946	0.473	161	80.3	53.5	26.8	13.4	6.69	5.35
4.74	2.370	1.1850	0.948	0.474	160	79.9	53.3	26.6	13.3	6.66	5.33
4.75	3.375	1.1875	0.950	0.475	159	79.6	53.0	26.5	13.3	7.63	5.30
4.76	2.380	1.1900	0.952	0.476	158	79.2	52.8	26.4	13.2	7.60	5.28
4.77	2.385	1.1925	0.954	0.477	158	78.9	52.6	26.3	13.1	7.57	5.26
4.78	2.390	1.1950	0.956	0.478	157	78.5	52.3	26.2	13.1	7.54	5.23
4.79	2.395	1.1975	0.958	0.479	156	78.2	52.1	26.1	13.0	7.51	5.21
4.80	2.400	1.2000	0.960	0.480	156	77.8	51.9	25.9	13.0	6.48	5.19
4.81	2.405	1.2025	0.962	0.481	155	77.5	51.6	25.8	12.9	6.46	5.16
4.82	2.410	1.2050	0.964	0.482	154	77.1	51.4	25.7	12.9	6.43	5.14
4.83	2.415	1.2075	0.966	0.483	154	76.8	51.2	25.6	12.8	6.40	5.12
4.84	2.420	1.2100	0.968	0.484	153	76.4	51.0	25.5	12.7	6.37	5.10
4.85	2.425	1.2125	0.970	0.485	152	76.1	50.7	25.4	12.7	6.34	5.07
4.86	2.430	1.2150	0.972	0.486	152	75.8	50.5	25.3	12.6	6.32	5.05
4.87	2.435	1.2175	0.974	0.487	151	75.4	50.3	25.1	12.6	6.29	5.03
4.88	2.440	1.2200	0.976	0.488	150	75.1	50.1	25.0	12.5	6.26	5.01
4.89	2.445	1.2225	0.978	0.489	150	74.8	49.8	24.9	12.5	6.23	4.98
4.90	2.450	1.2250	0.980	0.490	149	74.4	49.6	24.8	12.4	6.20	4.96
4.91	2.455	1.2275	0.982	0.491	148	74.1	49.4	24.7	12.4	6.18	4.94
4.92	2.460	1.2300	0.984	0.492	148	73.8	49.2	24.6	12.3	6.15	4.92

(续)

球直径 D/mm					F/D^2 ($0.102F/D^2$)						
10	5	2.5	2	1	30	15	10	5	2.5	1.25	1
压痕直径 d/mm					布氏硬度 HBS 或 HBW						
4.93	2.465	1.2325	0.986	0.493	147	73.5	49.0	24.5	12.2	6.12	4.90
4.94	2.470	1.2350	0.988	0.494	146	73.2	48.8	24.4	12.2	6.10	4.88
4.95	2.475	1.2375	0.990	0.495	146	72.8	48.6	24.3	12.1	6.07	4.86
4.96	2.480	1.2400	0.992	0.496	145	72.5	48.3	24.2	12.1	6.04	4.83
4.97	2.485	1.2425	0.994	0.497	144	72.2	48.1	24.1	12.0	6.02	4.81
4.98	2.490	1.2450	0.996	0.498	144	71.9	47.9	24.0	12.0	5.99	4.79
4.99	2.495	1.2475	0.998	0.499	143	71.6	47.7	23.9	11.9	5.97	4.77
5.00	2.500	1.2500	1.000	0.500	143	71.3	47.5	23.8	11.9	5.94	4.75
5.01	2.505	1.2525	1.002	0.501	142	71.0	47.3	23.7	11.8	5.91	4.73
5.02	2.510	1.2550	1.004	0.502	141	70.7	47.1	23.6	11.8	5.89	4.71
5.03	2.515	1.2575	1.006	0.503	141	70.4	46.9	23.5	11.7	5.86	4.69
5.04	2.520	1.2600	1.008	0.504	140	70.1	46.7	23.4	11.7	5.84	4.67
5.05	2.525	1.2625	1.010	0.505	140	69.8	46.5	23.3	11.6	5.81	4.65
5.06	2.530	1.2650	1.012	0.506	139	69.5	46.3	23.2	11.6	5.79	4.63
5.07	2.535	1.2675	1.014	0.507	138	69.2	46.1	23.1	11.5	5.76	4.61
5.08	2.540	1.2700	1.016	0.508	138	68.9	45.9	22.0	11.5	5.74	4.59
5.09	2.545	1.2725	1.018	0.509	137	68.6	45.7	22.9	11.4	5.72	4.57
5.10	2.550	1.2750	1.020	0.510	137	68.3	45.5	22.8	11.4	5.69	4.55
5.11	2.555	1.2775	1.022	0.511	136	68.0	45.3	22.7	11.3	5.67	4.53
5.12	2.560	1.2800	1.024	0.512	135	67.7	45.1	22.6	11.3	5.64	4.51
5.13	2.565	1.2825	1.026	0.513	135	67.4	45.0	22.5	11.2	5.62	4.50
5.14	2.570	1.2850	1.028	0.514	134	67.1	44.8	22.4	11.2	5.60	4.48
5.15	2.575	1.2875	1.030	0.515	134	66.9	44.6	22.3	11.1	5.57	4.46
5.16	2.580	1.2900	1.032	0.516	133	66.6	44.4	22.2	11.1	5.55	4.44
5.17	2.585	1.2925	1.034	0.517	133	66.3	44.2	22.1	11.1	5.53	4.42
5.18	2.590	1.2950	1.036	0.518	132	66.0	44.0	22.0	11.0	5.50	4.40
5.19	2.595	1.2975	1.038	0.519	132	65.8	43.8	21.9	11.0	5.48	4.38
5.20	2.600	1.3000	1.040	0.520	131	65.5	43.7	21.8	10.9	5.46	4.38
5.21	2.605	1.3025	1.042	0.521	130	65.2	43.5	21.7	10.8	5.43	4.35
5.22	2.610	1.3050	1.044	0.522	130	64.9	43.3	21.6	10.8	5.41	4.33
5.23	2.615	1.3075	1.046	0.523	129	64.7	43.1	21.6	10.7	5.39	4.31
5.24	2.620	1.3100	1.048	0.524	129	64.4	42.9	21.5	10.6	5.37	4.29
5.25	2.625	1.3125	1.050	0.525	128	64.1	42.8	21.4	10.7	5.34	4.28
5.26	2.630	1.3150	1.052	0.526	128	63.9	42.6	21.3	10.6	5.32	4.26
5.27	2.635	1.3175	1.054	0.527	127	63.6	42.4	21.2	10.6	5.30	4.24
5.28	2.640	1.3200	1.056	0.528	127	63.3	42.2	21.1	10.6	5.28	4.22
5.29	2.645	1.3225	1.058	0.529	126	63.1	42.1	21.0	10.5	5.26	4.21
5.30	2.650	1.3250	1.060	0.530	126	62.9	41.9	20.9	10.5	5.24	4.19

(续)

球直径 D/mm					F/D^2 ($0.102F/D^2$)						
10	5	2.5	2	1	30	15	10	5	2.5	1.25	1
压痕直径 d/mm					布氏硬度 HBS 或 HBW						
5.31	2.655	1.3275	1.062	0.531	125	62.6	41.7	20.9	10.4	5.21	4.17
5.32	2.660	1.3300	1.064	0.532	125	62.3	41.5	20.8	10.4	5.19	4.15
5.33	2.665	1.3325	1.066	0.533	124	62.1	41.4	20.7	10.3	5.17	4.14
5.34	2.670	1.3350	1.068	0.534	124	61.8	41.2	20.6	10.3	5.15	4.12
5.35	2.675	1.3375	1.070	0.535	123	61.5	41.0	20.5	10.3	5.13	4.10
5.36	2.680	1.3400	1.072	0.536	123	61.3	40.9	20.4	10.2	5.11	4.09
5.37	2.685	1.3425	1.074	0.537	122	61.0	40.7	20.3	10.2	5.09	4.07
5.38	2.690	1.3450	1.076	0.538	122	60.8	40.5	20.3	10.1	5.07	4.05
5.39	2.695	1.3475	1.078	0.539	121	60.6	40.4	20.2	10.1	5.05	4.04
5.40	2.700	1.3500	1.080	0.540	120	60.3	40.2	20.1	10.1	5.03	4.02
5.41	2.705	1.3525	1.082	0.541	120	60.1	40.0	20.0	10.0	5.01	4.00
5.42	2.710	1.3550	1.084	0.542	120	59.8	39.9	19.9	9.97	4.99	3.99
5.43	2.715	1.3575	1.086	0.543	119	59.6	39.7	19.9	9.93	4.97	3.97
5.44	2.720	1.3600	1.088	0.544	119	59.3	39.6	19.8	9.89	4.95	3.96
5.45	2.725	1.3625	1.090	0.545	118	59.1	39.4	19.7	9.85	4.93	3.94
5.46	2.730	1.3650	1.092	0.546	118	58.9	39.2	19.6	9.81	4.91	3.92
5.47	2.735	1.3675	1.094	0.547	117	58.6	39.1	19.5	9.77	4.89	3.91
5.48	2.740	1.3700	1.096	0.548	117	58.4	38.9	19.5	9.73	4.87	3.89
5.49	2.745	1.3725	1.098	0.549	116	58.2	38.8	19.4	9.69	4.85	3.88
5.50	2.750	1.3750	1.100	0.550	116	57.9	38.6	19.3	9.66	4.83	3.86
5.51	2.755	1.3775	1.102	0.551	115	57.7	38.5	19.2	9.62	4.81	3.85
5.52	2.760	1.3800	1.104	0.552	115	57.5	38.3	19.2	9.58	4.79	3.83
5.53	2.765	1.3825	1.106	0.553	114	57.2	38.2	19.1	9.54	4.77	3.82
5.54	2.770	1.3850	1.108	0.554	114	57.0	38.0	19.0	9.50	4.75	3.80
5.55	2.775	1.3875	1.110	0.555	114	56.8	37.9	18.9	9.47	4.73	3.79
5.56	2.780	1.3900	1.112	0.556	113	56.6	37.7	18.9	9.43	4.71	3.77
5.57	2.785	1.3925	1.114	0.557	113	56.3	37.6	18.8	9.39	4.70	3.76
5.58	2.790	1.3950	1.116	0.558	112	56.1	37.4	18.7	9.35	4.68	3.74
5.59	2.795	1.3975	1.118	0.559	112	55.9	37.3	18.6	9.32	4.66	3.73
5.60	2.800	1.4000	1.120	0.560	111	55.7	37.1	18.6	9.28	4.64	3.71
5.61	2.805	1.4025	1.122	0.561	111	55.5	37.0	18.5	9.24	4.62	3.70
5.62	2.810	1.4050	1.124	0.562	110	55.2	36.8	18.4	9.21	4.60	3.68
5.63	2.815	1.4075	1.126	0.563	110	55.0	36.7	18.3	9.17	4.59	3.67
5.64	2.820	1.4100	1.128	0.564	110	54.8	36.5	18.3	9.14	4.57	3.65
5.65	2.825	1.4125	1.130	0.565	109	54.6	36.4	18.2	9.10	4.55	3.64
5.66	2.830	1.4150	1.132	0.566	109	54.4	36.3	18.1	9.06	4.53	3.63
5.67	2.835	1.4175	1.134	0.567	108	54.2	36.1	18.1	9.03	4.51	3.61
5.68	2.840	1.4200	1.136	0.568	108	54.0	36.0	18.0	8.99	4.50	3.60

(续)

球直径 D/mm					F/D^2 ($0.102F/D^2$)						
10	5	2.5	2	1	30	15	10	5	2.5	1.25	1
压痕直径 d/mm					布氏硬度 HBS 或 HBW						
5.69	2.845	1.4225	1.138	0.569	107	53.7	35.8	17.9	8.96	4.48	3.58
5.70	2.850	1.4250	1.140	0.570	107	53.5	35.7	17.8	8.92	4.46	3.57
5.71	2.855	1.4275	1.142	0.571	107	53.3	35.6	17.8	8.89	4.44	3.56
5.72	2.860	1.4300	1.144	0.572	106	53.1	35.4	17.7	8.85	4.43	3.54
5.73	2.865	1.4325	1.146	0.573	106	52.9	35.3	17.6	8.82	4.41	3.53
5.74	2.870	1.4350	1.148	0.574	105	52.7	35.1	17.6	8.79	4.39	3.51
5.75	2.875	1.4375	1.150	0.575	105	52.5	35.0	17.5	8.75	4.38	3.50
5.76	2.880	1.4400	1.152	0.576	105	52.3	34.9	17.4	8.72	4.36	3.49
5.77	2.885	1.4425	1.154	0.577	104	52.1	34.7	17.4	8.68	4.34	3.47
5.78	2.890	1.4450	1.156	0.578	104	51.9	34.6	17.3	8.65	4.33	3.46
5.79	2.895	1.4475	1.158	0.579	103	51.7	34.5	17.2	8.62	4.31	3.45
5.80	2.900	1.4500	1.160	0.580	103	51.5	34.3	17.2	8.59	4.29	3.43
5.81	2.905	1.4525	1.162	0.581	103	51.3	34.2	17.1	8.55	4.28	3.42
5.82	2.910	1.4550	1.164	0.582	102	51.1	34.1	17.0	8.52	4.26	3.41
5.83	2.915	1.4575	1.166	0.583	102	50.9	33.9	17.0	8.49	4.24	3.39
5.84	2.920	1.4600	1.168	0.584	101	50.7	33.8	16.9	8.45	4.23	3.38
5.85	2.925	1.4625	1.170	0.585	101	50.5	33.7	16.8	8.42	4.21	3.37
5.86	2.930	1.4650	1.172	0.586	101	50.3	33.6	16.8	8.39	4.20	3.36
5.87	2.935	1.4675	1.174	0.587	100	50.2	33.4	16.7	8.36	4.18	3.34
5.88	2.940	1.4700	1.176	0.588	99.9	50.0	33.3	16.7	8.33	4.16	3.33
5.89	2.945	1.4725	1.178	0.589	99.5	49.8	33.2	16.6	8.30	4.15	3.32
5.90	2.950	1.4750	1.180	0.590	99.2	49.6	33.1	16.5	8.26	4.13	3.31
5.91	2.955	1.4775	1.182	0.591	98.8	49.4	32.9	16.5	8.23	4.12	3.29
5.92	2.960	1.4800	1.184	0.592	98.4	49.2	32.8	16.4	8.20	4.10	3.28
5.93	2.965	1.4825	1.186	0.593	98.0	49.0	32.7	16.3	8.17	4.09	3.27
5.94	2.970	1.4850	1.188	0.594	97.7	48.8	32.6	16.3	8.14	4.07	3.26
5.95	2.975	1.4875	1.190	0.595	97.3	48.7	32.4	16.2	8.11	4.05	3.24
5.96	2.980	1.4900	1.192	0.596	96.9	48.5	32.3	16.2	8.08	4.04	3.23
5.97	2.985	1.4925	1.194	0.597	96.6	48.3	32.2	16.1	8.05	4.02	3.22
5.98	2.990	1.4950	1.196	0.598	96.2	48.1	32.1	16.0	8.02	4.01	3.21
5.99	2.995	1.4975	1.198	0.599	95.9	47.9	32.0	16.0	7.99	3.99	3.20
6.00	3.000	1.5000	1.200	0.600	95.5	47.7	31.8	15.9	7.96	3.98	3.18

说明：1. 本表摘自 GB231—84 "金属布氏硬度试验方法"。

2. 表头内："F/D^2" 中 F 的单位为 kgf（1kgf≈9.8N），D 为 mm；"$0.102F/D^2$" 中 F 的单位为 N，D 为 mm。

3. 各续表表头中"试验力"一栏省略，由球直径与 F/D^2 的比值可推算出试验力大小。

附录 E 各种硬度换算表

一、洛氏硬度 HRC、HRA 与其他硬度及强度换算表（选摘自 GB/T1172—1999）

洛氏硬度		维氏硬度	布氏硬度($F/D^2=30$)		抗拉强度	洛氏硬度		维氏硬度	布氏硬度($F/D^2=30$)		抗拉强度
HRC	HRA	HV	HBS	HBW	/MPa	HRC	HRA	HV	HBS	HBW	/MPa
					碳钢	44.0	72.6	428	413	415	1417
20.0	60.0	226	225		774	45.0	73.2	441	424	428	1459
21.0	60.7	230	229		793	46.0	73.7	454	436	441	1503
22.0	61.2	235	234		813	47.0	74.2	468	449	455	1550
23.0	61.7	241	240		833	48.0	74.7	482		470	1600
24.0	62.2	247	245		854	49.0	75.3	497		486	1653
25.0	62.8	253	251		875	50.0	75.8	512		502	1731
26.0	63.3	259	257		897	51.0	76.3	527		518	1792
27.0	63.8	266	263		919	52.0	76.9	544		535	1857
28.0	64.3	273	269		942	53.0	77.4	561		552	1929
29.0	64.8	280	276		965	54.0	77.9	578		569	2006
30.0	65.3	288	283		989	55.0	78.5	596		585	2090
31.0	65.8	296	291		1014	56.0	79.0	615		601	2181
32.0	66.4	304	298		1039	57.0	79.5	635		616	2281
33.0	66.9	313	306		1065	58.0	80.1	655		628	2390
34.0	67.4	321	314		1092	59.0	80.6	676		639	2509
35.0	67.9	331	323		1119	60.0	81.2	698		647	2639
36.0	68.4	340	332		1147	61.0	81.7	721			
37.0	69.0	350	341		1177	62.0	82.2	745			
38.0	69.5	360	350		1207	63.0	82.8	770			
39.0	70.0	371	360		1238	64.0	83.3	795			
40.0	70.5	381	370	370	1271	65.0	83.9	822			
41.0	71.1	393	380	381	1305	66.0	84.4	850			
42.0	71.6	404	391	392	1340	67.0	85.0	879			
43.0	72.1	416	401	403	1378	68.0	85.5	909			

二、洛氏硬度 HRB 与其他硬度及强度换算表(选摘自 GB/T1172—1999)

洛氏硬度 HRB	维氏硬度 HV	布氏硬度 HBS $F/D^2=10$	$F/D^2=30$	抗拉强度 /MPa	洛氏硬度 HRB	维氏硬度 HV	布氏硬度 HBS $F/D^2=10$	$F/D^2=30$	抗拉强度 /MPa
60.0	105	102		375	81.0	149	136		508
61.0	106	103		379	82.0	152	138		518
62.0	108	104		382	83.0	156		152	529
63.0	109	105		386	84.0	159		155	540
64.0	110	106		390	85.0	163		158	551
65.0	112	107		395	86.0	166		161	563
66.0	114	108		399	87.0	170		164	576
67.0	115	109		404	88.0	174		168	589
68.0	117	110		409	89.0	178		172	603
69.0	119	112		415	90.0	183		176	617
70.0	121	113		421	91.0	187		180	631
71.0	123	115		427	92.0	191		184	646
72.0	125	116		433	93.0	196		189	662
73.0	128	118		440	94.0	201		195	678
74.0	130	120		447	95.0	206		200	695
75.0	132	122		455	96.0	211		206	712
76.0	135	124		463	97.0	216		212	730
77.0	138	126		471	98.0	222		218	749
78.0	140	128		480	99.0	227		226	768
79.0	143	130		489	100.0	233		232	788
80.0	146	133		498					

第二篇 机械工程材料习题

第一章 工程材料的力学性能

1-1 解释下列名词：

强度；非比例伸长应力；屈服；屈服点；条件屈服；条件屈服点；抗拉强度；断裂韧度；塑性；伸长率；断面收缩率；刚度；比强度；比弹性模量；屈强比。

1-2 低碳钢试样在受到静拉力作用直至拉断时经过怎样的变形过程？

1-3 δ 与 ψ 这两个指标，哪个更能准确地表达材料的塑性？为什么？

1-4 在测定强度指标时，σ_s 和 $\sigma_{0.2}$ 有什么不同？

1-5 机械设计时常用_____和_____两种强度指标。

1-6 图 2-1-1 所示为三种不同材料的拉伸曲线（试样尺寸相同），试比较三种材料的 σ_s ($\sigma_{0.2}$)、σ_b、E、δ、ψ 的大小。

1-7 某金属材料的拉伸试样 l_0 = 100mm，d_0 = 10mm。拉伸到产生 0.2% 塑性变形时作用力 $F_{0.2}$ = 6.5 × 10³N；F_b = 8.5 × 10³N。拉断后标距长为 l_k = 120mm，断口处最小直径为 d_k = 6.4mm，试求该材料的 $\sigma_{0.2}$、σ_b、δ、ψ 的大小。

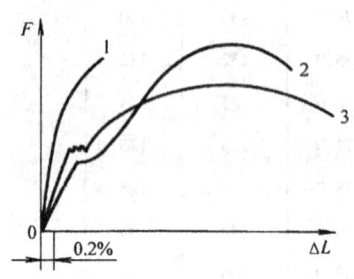

图 2-1-1 几种不同材料的拉伸曲线

1-8 制一批钢制拉杆，工作时不允许产生明显的塑性变形，最大工作应力 σ_{max} = 350MPa，今欲选某钢制作。将该钢制成直径 d_0 = 10mm 标准拉伸试样后进行拉伸试验，测得 F_s = 21500N，F_b = 35100N，试判断该钢是否可选用？为什么？

1-9 将钟表发条拉成一直线，这是弹性变形还是塑性变形？为什么？

1-10 已知一直径为 ϕ11.28mm、标距为 50mm 的拉伸试样，加载为 50000N 时试样的伸长为 0.04mm。撤去载荷后变形恢复，求该试样的弹性模量。

1-11 有一碳钢支架，因刚性不足有人要用热处理方法进行强化；有人要另选合金钢；有人要改变零件的截面形状来解决。试问哪种方法合理？为什么？

1-12 若钢件的刚度太低易出现什么问题？若是刚度满足要求而弹性极限太

低又易出现什么问题？

1-13 选择正确答案：

(1) 低碳钢拉伸应力—应变曲线上对应的最大应力值称为_____。
A．弹性极限　　B．屈服点　　C．抗拉强度　　D．断裂韧度

(2) 材料开始发生塑性变形时对应的应力值叫做材料的_____。
A．弹性极限　　B．屈服点　　C．抗拉强度　　D．条件屈服点

(3) 材料刚度与_____有关。
A．弹性模量　　B．屈服点　　C．抗拉强度　　D．伸长率

1-14 判断下列说法是否正确：

(1) 强度是材料抵抗变形和破坏的能力，塑性是在外力作用下产生塑性变形而不破坏的能力，所以两者的单位是一样的。

(2) σ_s和$\sigma_{0.2}$都是材料的屈服强度。

(3) 材料的强度越高就越不容易变形。因此和高强度材料相比，低强度材料一定会变形。

(4) 材料的强度越高，其刚度越大、塑性越低。

(5) 材料的刚度可用其弹性模量值来反映，可通过热处理改变组织的方法来提高材料的刚度。

(6) 材料的断裂强度一定大于其抗拉强度。

(7) 用断面收缩率表示塑性更接近材料的真实应变。

(8) 屈强比大的材料作零件安全可靠性高。

(9) 材料越容易产生弹性变形其刚度越小。

1-15 如图2-1-2所示，为五种材料的应力—应变曲线：①45钢；②铝青铜；③35钢；④硬铝；⑤纯铜。试问，当外加应力为30MPa时，各材料处于什么状态？

1-16 解释下列名词：

硬度；布氏硬度；洛氏硬度；维氏硬度。

1-17 比较布氏硬度、洛氏硬度、维氏硬度的测量方法、压头形状和硬度值范围。指出其最适合的应用范围。

1-18 从布氏硬度与洛氏硬度的计算公式来看，这两种硬度值有什么物理意义？

1-19 布氏硬度与抗拉强度之间

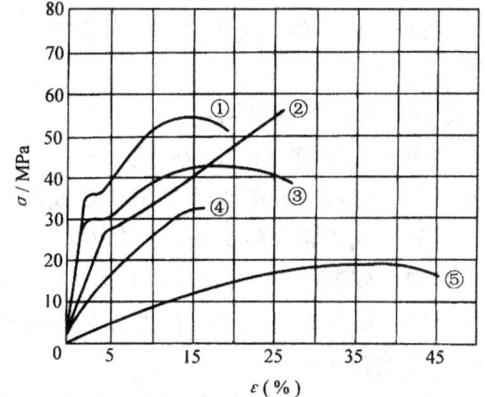

图2-1-2　几种不同材料的应力应变曲线

存在什么关系？这种关系有什么实用意义？

1-20　切削加工性能好的材料硬度范围为_____。

1-21　在图样上，为什么只用硬度来表示对机件的力学性能要求？

1-22　淬硬的钢件、灰铸铁毛坯件、硬质合金刀片、渗氮处理后钢件的表面渗氮层分别用什么方法测试硬度？并用相应的硬度符号写出这些工件的硬度范围。

1-23　判断下列说法是否正确：
(1) 硬度是材料对局部变形的抗力，所以硬度是材料的塑性指标。
(2) 材料硬度越低，其切削加工性能就越好。
(3) 材料的抗拉强度与布氏硬度之间，近似地成一直线关系。
(4) 各种硬度值之间可以互换。
(5) 因为 $\sigma_b \approx K \cdot HB$，所以一切材料的硬度越高，其强度也越高。

1-24　下列硬度值表示方法上有哪些错误：12~15HRC，800HBS，58~62HRC，550N/mm² HBW，70~75HRC，200N/mm² HBS？

1-25　有四种材料的硬度分别是 40HRC，95HRB，803HV，225HBS，试比较这四种材料的硬度高低。

1-26　解释下列名词：
韧性；冲击吸收功；冲击韧度。

1-27　判断下列说法是否正确：
(1) 冲击韧度与试验温度无关。
(2) 材料的塑性、韧性越差，材料的脆性越大。
(3) 载荷速度的增加会引起材料的塑性、韧性下降，易引发突然性破断。
(4) 由于冲击韧度能反映材料的韧性，因此可以作为零件设计的一个抗力指标。

1-28　"材料的综合性能好,其各项力学性能指标都是最大的。"该说法正确吗？

1-29　解释下列名词：
疲劳；交变应力；疲劳强度；σ_{-1}。

1-30　材料的疲劳破坏是怎样形成的？

1-31　说明典型疲劳断口的特征。

1-32　疲劳抗力指标有哪些？影响疲劳抗力的因素有哪些？

1-33　提高零件疲劳寿命的方法有哪些？为什么零件尺寸的增大会使材料的疲劳强度值减小？

1-34　"光滑试样的疲劳强度高于表面粗糙的试样"这种说法正确吗？

1-35　拉伸试验、冲击试验和疲劳试验用的载荷分别属于哪种类型的载荷？

1-36　对零件进行表面强化处理，如表面淬火、渗碳、喷丸、滚压等处理可以提高零件的疲劳强度。你能解释为什么吗？

1-37　什么是断裂韧度？怎样根据材料的断裂韧度来判断零件是否会发生低应力脆断？

1-38　断裂韧度是衡量材料抵抗＿＿＿＿扩展的抗力，是材料＿＿＿＿大小的性能指标。断裂韧度的单位是＿＿＿＿。

1-39　K_{IC} 和 K_I 两者有什么关系？在什么情况下，$K_{IC} = K_I$？

1-40　比较冲击韧度与断裂韧度的物理意义及应用。

1-41　比较疲劳强度与断裂韧度的区别和联系。

第二章 工程材料的基础知识

2-1 解释下列名词

金属；金属键；晶体；非晶体；晶格；晶胞；晶格常数；体心立方晶格；面心立方晶格；密排六方晶格；配位数；致密度；晶面指数；晶向指数；晶体的各向异性；同素异晶转变；点缺陷；线缺陷；面缺陷；刃型位错；螺型位错；晶界；亚晶界；亚晶。

2-2 指出晶体与非晶体的主要差别。

2-3 指出常见的几种金属晶体结构，并画出它们的晶胞示意图。

2-4 下列金属属于哪种晶体结构？

α-Fe、β-Fe、Cr、Mo、W、V、Nb、Al、Cu、Ni、Au、Ag、Pb。

2-5 计算体心立方晶格、面心立方晶格、密排六方晶格晶胞的原子数、原子半径、致密度，并指出它们的配位数。

2-6 计算图 2-2-1 中阴影线所示的晶面的晶面指数。

2-7 计算图 2-2-2 中所示晶向的晶向指数。

2-8 在立方晶格中如何判断晶面和晶向相互垂直？

2-9 指出在体心立方晶格中，{110}晶面族包括哪几个原子排列相同但空间位向不同的晶面，并绘图表示。

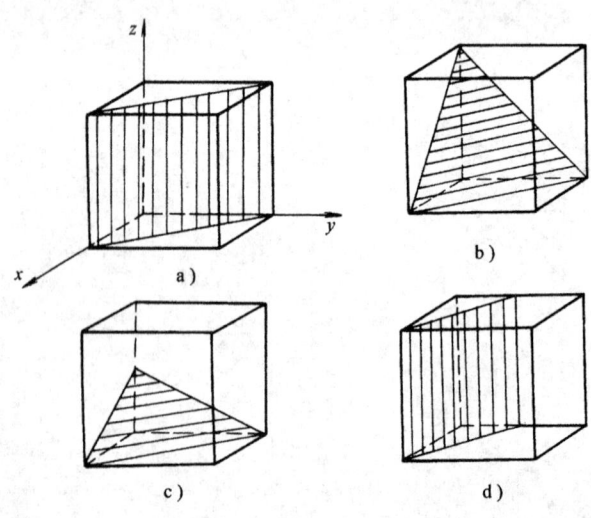

图 2-2-1 题 2-6 图

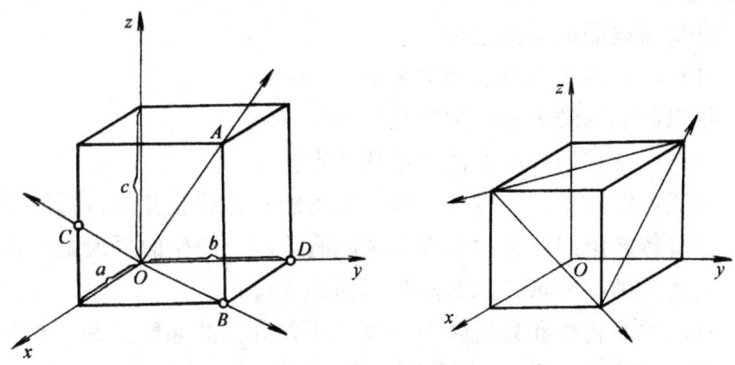

图 2-2-2 题 2-7 图

2-10 绘图表示面心立方晶格中原子密度最大的晶面和晶向。

2-11 解释单晶体具有各向异性而多晶体一般不具有各向异性的原因。

2-12 写出纯铁在固态加热和冷却过程中发生同素异晶转变的关系式。

2-13 论述金属的实际晶体与理想晶体在结构和性能上的差别及其原因。

2-14 分析位错的性质以及对性能的影响。

2-15 解释下列名词

合金；组元；相；组织；固溶体；金属间化合物；置换固溶体；间隙固溶体；无序固溶体；有序固溶体；无限固溶体；有限固溶体；正常价化合物；电子化合物；间隙化合物；间隙相。

2-16 分析影响固溶体溶解度的因素和形成无限固溶体的条件。

2-17 指出符合什么条件的元素容易形成间隙固溶体。

2-18 间隙固溶体也能形成无限固溶体吗？为什么？

2-19 分析晶格类型与间隙固溶体溶解度的关系。

2-20 什么是固溶强化？论述产生固溶强化的原因。

2-21 分析金属间化合物的晶体结构、物理性能、力学性能特点，它常出现在什么材料中？

2-22 解释下列名词

过冷度；自发形核(均质形核)；非自发形核(异质形核)；变质处理；共晶转变；共析转变；包晶转变。

2-23 叙述金属的结晶过程。

2-24 用冷却曲线分析纯铁的结晶过程。

2-25 分析下列说法是否正确：

(1) 金属的过冷度 ΔT 是一个定值。

(2) 同一金属从液态冷却时的冷却速度越大，过冷度也越大，金属的实际结

2-26 分析树枝晶的结晶过程。

2-27 分析晶粒的大小与性能的关系。

2-28 指出影响晶粒大小的因素是什么？

2-29 生产中常采用什么方法来细化晶粒。

2-30 画图说明铸钢锭存在的三种典型的宏观组织，并分析其形成的条件。

2-31 金属铸态组织中经常存在的缺陷有哪些，产生的原因是什么？

2-32 简述并画图表示二元匀晶相图的建立过程。

2-33 写出共晶转变和共析转变的表达式，分析共晶转变和共析转变的结晶特点以及共晶组织和共析组织的组织特征。

2-34 以 Pb-Sn 合金为例，完成下列要求：

（1）完整画出 Pb-Sn 二元合金相图，标明各相区的组织，特征点的成分和温度等。

（2）指出 Sn 在 Pb 中和 Pb 在 Sn 中的最大溶解度是多少。

（3）分析和比较初生 α 相、β 相、共晶体（α+β）、二次相 $α_{II}$ 和 $β_{II}$ 的组织特征，画出它们的组织示意图。

（4）画图分析 w_{Sn} < 19.2% 和亚共晶、共晶、过共晶四种典型合金的结晶过程。

2-35 Cu-Zn 合金相图如图 2-2-3 所示，要求完成以下内容：

（1）标出各相区的组织。

（2）分别说明相图上 6 条水平线所对应发生的转变。

2-36 解释下列名词

铁素体；奥氏体；渗碳体；珠光体；莱氏体；一次渗碳体；二次渗碳体；三次渗碳体；先共析铁素体。

2-37 指出铁素体、奥氏体、渗碳体、珠光体、莱氏体的结构、组织形态和性能特点。

2-38 画出 Fe-Fe$_3$C 相图，并完成下列要求：

（1）标出各相区的相组成物和组织组成物；

（2）标出各特性点和特性线所对应的成分、温度；

（3）解释各特性点和特性线的意义；

（4）写出包晶反应、共晶反应和共析反应的反应式（注明碳的质量分数和反应温度）。

2-39 根据 w_C 和组织特征的不同，如何对铁碳合金进行分类？

2-40 分析工业纯铁、亚共析钢、共析钢、过共析钢、亚共晶白口铁、共晶白口铁、过共晶白口铁从液态到室温的平衡结晶过程，并绘出室温组织示意图，

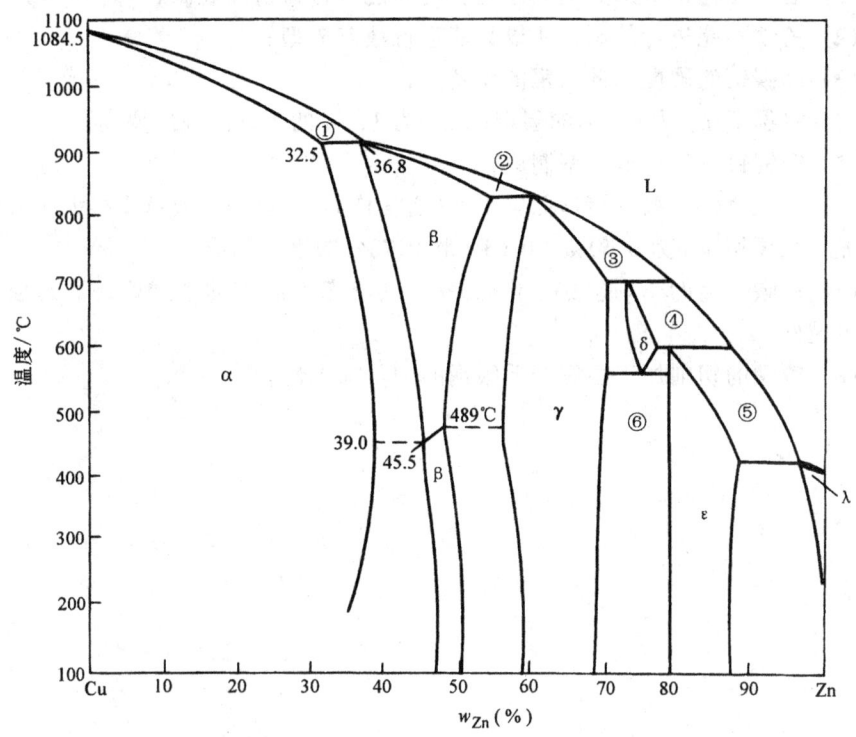

图 2-2-3 Cu-Zn 合金相图

标明组织组成物名称。

2-41 根据 Fe-Fe₃C 相图计算

（1）共析转变结束后珠光体中的铁素体与渗碳体的相对含量；

（2）w_C 为 0.45% 的铁碳合金，室温下先共析铁素体与珠光体的相对含量（忽略三次渗碳体）；

（3）w_C 为 1.2% 的铁碳合金，室温下珠光体与二次渗碳体的相对含量；

（4）二次渗碳体和三次渗碳体的最大质量分数。

2-42 某一退火状态下的碳钢，经金相分析后发现其组织为珠光体和铁素体，其中铁素体占 75%，问此碳钢的 w_C 大约是多少？

2-43 某一退火状态下的碳钢，经金相分析后发现其组织为珠光体和网状渗碳体，其中珠光体占 90%，问此碳钢的 w_C 大约是多少？

2-44 全面论述铁碳合金中碳的质量分数对组织、力学性能和工艺性能的影响。

2-45 Fe-Fe₃C 相图在生产中有哪些主要用途？应用时应当注意什么问题？

2-46 根据 Fe-Fe₃C 相图解释产生下列现象的原因：

(1) 通常要将钢材加热到一定的温度才能进行铸造或轧制;

(2) 铸铁不能进行轧制,所以只能进行液态成型;

(3) 高碳钢的硬度比低碳钢的硬度高;

(4) 室温下 w_C 为 0.8% 的碳钢比 w_C 为 1.2% 的碳钢的强度要高;

(5) 钢铆钉一般用低碳钢制成;

(6) 绑扎物件一般用镀锌低碳钢丝(通常称为"铁丝"),而承受很大拉应力的钢丝绳一般要用 w_C 为 0.60%、0.65% 和 0.70% 的钢等制成;

(7) 铁碳合金的 w_C 越接近于 4.3%,其液态下的流动性越好,液态成型工艺性也越好。

(8) 铸铁的切削加工性好于低碳钢的切削加工性。

第三章 金属的塑性变形与再结晶

3-1 解释下列名词：

滑移;滑移面;滑移方向;滑移带;滑移系;亚晶粒;亚结构;变形织构;加工硬化;回复;再结晶;临界变形度。

3-2 单晶体塑性变形的基本形式有_____。

3-3 外力一定时,滑移面法线与外力的夹角呈_____时,滑移最容易进行,这种位向称为_____位向;当滑移面与外力平行或垂直时,晶体不可能滑移,这种位向称为_____位向。使晶体开始滑移的最小切应力称为_____。

3-4 影响晶体临界切应力的因素主要有_____、_____、_____、_____等。

3-5 晶体中的滑移系数目等于_____。

3-6 判断下列说法是否正确并说明原因：

(1) 晶体在滑移过程中改变了晶体的结构和晶格的取向。

(2) 晶体滑移时仅是晶体在切应力的作用下,一部分沿着某一滑移面上的某一晶向相对于另一部分产生了滑动而已。

(3) 在其他条件相同时,金属晶体中的滑移系越多,该金属的塑性就越好。

(4) 金属单晶体在拉伸过程中只发生滑移,不发生转动。

(5) 金属产生塑性变形时,其内部的所有晶粒都同时产生变形,而且产生的变形量也相同。

(6) 亚结构的存在有利于加工硬化的产生。

3-7 理论计算出的滑移切应力与实际测量的滑移切应力有很大差别,造成这种差别的原因是什么？

3-8 画图表示体心立方、面心立方、密排六方三种晶体结构的滑移面、滑移方向及滑移系,并分析滑移面和滑移方向上的原子排列特点以及对滑移的影响。

3-9 简述滑移的机理。

3-10 简述加工硬化的机理。

3-11 影响多晶体塑性变形的因素与影响单晶体塑性变形的因素有什么不同？

3-12 多晶体塑性变形的特点是什么？

3-13 多晶体塑性变形时哪些晶粒最先产生变形？

3-14 简述冷塑性变形对金属组织和性能的影响。

3-15 金属中的"纤维组织"是怎样形成的？它给性能带来什么影响？

3-16 金属在变形过程中产生变形织构时会对性能带来什么影响？织构都是有害的吗？

3-17 分析加工硬化在生产中的应用以及在材料加工中的不利影响。

3-18 金属产生冷变形后其内应力会发生什么变化？影响内应力大小的主要因素有哪些？

3-19 金属产生冷变形后形成的内应力对金属的性能有什么影响？

3-20 分析冷塑性变形后的金属在加热过程中随着温度的升高其组织和性能将会发生什么变化？

3-21 回复、再结晶、晶粒长大阶段，金属的组织和性能特点是什么？应如何控制冷变形金属的再结晶退火温度？

3-22 再结晶过程是一个相变过程吗？为什么？

3-23 影响再结晶温度的主要因素有哪些？

3-24 画图分析再结晶后的晶粒大小与金属的冷塑性变形程度的关系。

3-25 如何划分金属材料的冷加工和热加工？并举例说明。

3-26 分析和比较金属材料冷加工和热加工的特点和应用。

3-27 热加工对金属材料组织和性能的影响是什么？

3-28 钢材在热加工条件下变形时会不会产生加工硬化现象？为什么？

3-29 铅板在室温下进行弯折会逐渐变硬，但放置一段时间后又会恢复到原来的柔软程度，试解释其原因。

3-30 冷拔制成的管材在冷弯成形时（如冷拔纯铜管制造空调器管件或机器上的输油管件时），为了避免成形时开裂应提前进行什么热处理？为什么？

第四章 钢的热处理

4-1 以共析钢为例简述奥氏体形成过程。

4-2 影响奥氏体形成因素有哪些？

4-3 何谓晶粒度？奥氏体晶粒度分为哪几种？

4-4 加热时，采用哪些方法可获得细小的奥氏体晶粒？

4-5 简述共析钢的过冷奥氏体在 $A_1 \sim Ms$ 温度之间，不同温度等温转变的产物及性能。

4-6 将共析钢加热到760℃，保温足够时间，试问按图2-4-1所示1、2、3、4、5线的冷却速度冷至室温，各获得何种组织？并估计各种组织的硬度？

4-7 奥氏体晶粒的大小直接影响到冷却后得到的组织和性能，高温时粗大的奥氏体晶粒无论怎样冷却也不会得到细晶粒。这句话对吗？为什么？

4-8 请判断下列两题是否正确？为什么？

(1) 钢进行热处理的目的都是为了获得细小、均匀的奥氏体组织。

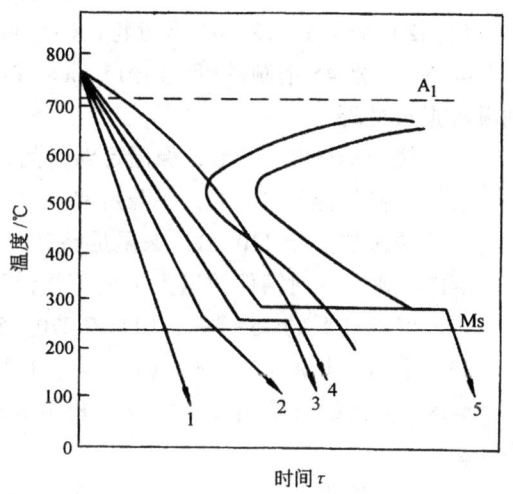

图 2-4-1 题 4-6 图

(2) 珠光体、索氏体和托氏体都是由铁素体和渗碳体组成的复合相。

4-9 将共析钢加热到760℃获得均匀的奥氏体后，按下列不同规范冷却，试根据C曲线分析各获得什么组织。（题中很快冷却即冷却曲线与C曲线不相交。）

(1) 很快冷到630℃，保温10s后以大于 v_K 速度冷至室温。

(2) 很快冷到630℃，保温10s后以大于 v_K 速度冷至300℃，再保温10h，快冷至室温。

(3) 很快冷到630℃，保温10h后空冷至室温。

(4) 很快冷到360℃后以大于 v_K 速度冷至室温。

4-10 马氏体和贝氏体的本质有何不同？

4-11 判断下列说法是否正确？如不正确，请更正。

(1) 退火与正火的目的大致相同，它们的主要区别是保温时间的长短。

(2) 在机械零件及工模具等加工中，退火与正火一般作为预备热处理被安排在毛坯生产之后，粗(或半精)加工之前。

(3) 球化退火主要用于消除铸件、锻件、焊件的内应力、稳定尺寸、减少工件使用过程中的变形。

(4) 正火可以提高用 20 钢制成的锻件的硬度，改善其切削加工性。

4-12 什么叫退火？试述退火的种类及应用范围。

4-13 什么叫正火？生产中如何选用退火和正火？

4-14 为什么对有严重碳化物的钢件，应先进行正火消除碳化物，然后再球化退火？

4-15 指出下列零件正火的主要目的及正火后的显微组织。

(1) 20 钢小轴；(2) 45 钢齿轮；(3) T12 钢锉刀；(4) Q235 钢螺栓。

4-16 一批 45 钢制件(尺寸 $\phi 15mm \times 10mm$)，因晶粒大小不均匀，需采用下列哪种退火处理？

(1) 缓慢加热至 700℃，保温足够时间，随炉冷却至室温；

(2) 缓慢加热至 840℃，保温足够时间，随炉冷却至室温；

(3) 缓慢加热至 1100℃，保温足够时间，随炉冷却至室温。

4-17 确定下列钢件的退火工艺，并说明其退火目的和退火后组织。

(1) 经冷轧后的 15 钢板；(2) ZG270—500 的铸钢齿轮；

(3) 锻造过热的 60 钢坯；(4) 具有片状珠光体的 T12 钢坯。

4-18 淬火的目的是什么？亚共析钢和过共析钢淬火加热温度应如何确定？为什么？

4-19 钢淬火后，为什么通常多有残余奥氏体，它给钢的性能带来哪些影响？

4-20 什么是淬透性？什么是淬硬性？两者有何区别？影响淬透性、淬硬性的因素是什么？

4-21 为什么工件经淬火后会产生变形，甚至开裂？减少淬火变形及防止开裂有哪些措施？

4-22 淬火方法有哪几种？其特点及应用范围如何？

4-23 目前生产中应用较广的冷却介质是什么？其特点及应用范围如何？

4-24 将钢奥氏体化后，先浸入一种冷却能力强的介质中，随后又取出马上放入另一种冷却能力弱的介质中冷却的淬火工艺称什么？

4-25 两根 45 钢轴，直径分别为 $\phi 10mm$ 及 $\phi 100mm$，在水中淬火后，其横截面的组织和硬度将如何分布？

4-26 将45钢和T8钢的两种试样,分别加热到600℃、780℃、900℃,然后在水中淬火,试说明各获得什么组织?硬度随加热温度如何变化?为什么?

4-27 判断下列说法是否正确?为什么?
(1) 过冷奥氏体的冷却速度越快,钢件冷却后的硬度越高;
(2) 钢经淬火后处于硬脆状态;
(3) 钢中合金元素含量愈多,则淬火后硬度愈高;
(4) T8钢加热到奥氏体化后,冷却时所形成的组织主要决定于钢的加热温度;
(5) 同一钢材在相同加热条件下,水淬比油淬的淬透性好,小件比大件的淬透性好;
(6) 碳素钢无论采用何种淬火方法,得到的组织都是硬度高、耐磨性好的马氏体组织。

4-28 在机械设计中如何考虑钢的淬透性?

4-29 回火的目的是什么?常用的回火种类有哪几种?指出各种回火操作都得到什么组织?性能及应用范围如何?

4-30 为什么淬火后的钢一定都要进行回火?回火后的性能主要取决于回火温度还是取决于冷却速度?

4-31 将45钢和T10A钢分别加热至700℃、770℃、840℃淬火,试问这些淬火温度是否正确?为什么45钢在770℃淬火后的硬度远低于T12A钢的硬度?

4-32 指出下列组织的主要区别:
(1) 索氏体与回火索氏体;
(2) 托氏体与回火托氏体;
(3) 马氏体与回火马氏体。

4-33 某厂用T10A钢制造冷作模具,经淬火及低温回火使用;用45钢制造齿轮,经调质后使用。由于材料混乱,错用45钢制成冷作模具而用T10A钢制成齿轮,这样,经热处理后使用会产生什么后果?

4-34 工件压板材料为45钢,要求硬度为40~43HRC,用何种热处理工艺?说明其加热温度和冷却规范。

4-35 在材料化学成分合乎要求,产品设计人员选择的热处理方法也合理的情况下,产生了下列问题,试分析产生的原因,提出改进措施。
(1) 用T8钢制造的工具,经淬火后,硬度低于58HRC。
(2) 65钢的锻件,经完全退火后,冲击韧度值较低。
(3) 用热轧45钢棒料制造螺栓,经调质后,强度及冲击韧度值略低于要求指标。

4-36 图2-4-2为T10钢热处理工艺曲线,指出T10钢在曲线中①、②、③、和④时的组织，并说明是何种热处理工艺？

4-37 甲、乙两厂同时生产一批45钢零件，硬度要求225~245HBS。甲厂采用调质处理，乙厂采用正火处理，结果都可达到要求，试分析甲、乙两厂产品的组织和性能的差别。

4-38 45钢经调质处理后硬度240HBS，若再进行200℃回火，试问是否可提高硬度？为什么？若45钢经淬火、低温回火后硬度为55HRC，然后再进行560℃回火，试问是否会降低硬度？为什么？

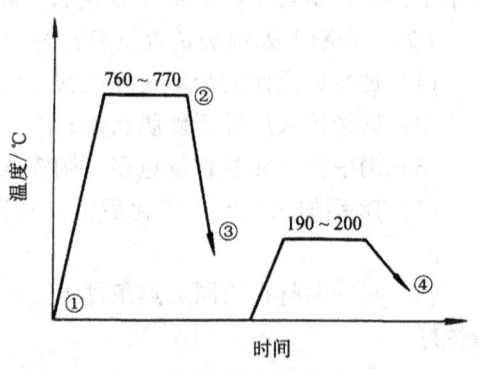

图 2-4-2 T10钢热处理工艺曲线

4-39 什么是钢的表面热处理？表面热处理有哪几种？

4-40 表面淬火的目的是什么？常用表面淬火方法有哪几种？试比较它们的优缺点及应用范围。

4-41 某柴油机的凸轮轴要求表面有高的硬度（>50HRC），而心部具有良好的韧性。原来用45钢调质处理后，再对凸轮表面进行高频淬火，最后低温回火。现因45钢已用完，拟改用20钢代替，试说明：

（1）原45钢各热处理工序的作用。

（2）改用20钢后，其热处理工序是否应进行修改？采用何种热处理工艺最恰当？

4-42 某一级减速器中的齿轮选用45钢制造，整体硬度要求23~26HRC，轴颈处表面硬度要求47~51HRC。请确定加工工艺路线；选择热处理方法并说明其作用；确定热处理加热温度、淬火介质；绘制热处理工艺曲线。

4-43 钢的各种化学热处理都是由哪三个基本过程组成的？

4-44 何谓钢的渗碳？渗碳的目的是什么？主要用于何种零件？常用的渗碳方法有哪几种？其特点是什么？

4-45 何谓钢的渗氮？渗氮的目的是什么？渗氮方法有哪几种？

4-46 判断下列说法是否正确？如不正确，请更正。

（1）金属表面覆盖层强化法的实质是钢的热处理。

（2）发生电化学腐蚀时，金属内部一定有电流产生。

（3）铜表面出现铜绿，加热时钢材表面出现氧化等现象，均属于金属的腐蚀。

（4）炒菜用的铸铁锅的背面，使用一段时间后，因发生电化学腐蚀而不断剥落。

（5）碳钢在潮湿的空气中生锈的原因是其组织中的铁素体和渗碳体之间不断地发生化学反应。

（6）表面着色是指在金属表面形成一层很薄的、有耐蚀性的金属化合物。

（7）渗铝可使钢件表面的金属自身生成一层保护物而实现防腐。

（8）将金属钢件短时间浸入熔融耐蚀的金属液中，取出冷却后，在钢件表面形成覆盖层的方法，称为电镀。

4-47 化学气相沉积和物理气相沉积有何特点？各简称是什么？

4-48 在生活和生产中，你见过哪些金属防腐方法？其防腐原理是什么？

4-49 物理气相沉积主要包括哪几种镀膜技术？

4-50 常用 CVD 沉积方法有哪几种？

4-51 堆焊技术是利用什么原理进行表面工程处理的？堆焊方法有哪几种？

4-52 何谓热喷涂？热喷涂技术最基本的特征是什么？

4-53 热喷涂是如何分类的？与其他表面工程技术相比，热喷涂在实用性方面有哪些主要特点？

4-54 简述低碳钢渗铝层的组成及应用。

4-55 简述渗硼层的特性及应用。

第五章 金属材料

5-1 钢按化学成分可分为哪几类?

5-2 何谓碳钢?钢中常存杂质元素有哪些?它们对钢的性能有何影响?

5-3 指出 20 钢、45 钢、Q215A 钢、Q235B 钢、T10A 钢、T12 钢和 ZG310-570 钢的名称、钢中数字和符号的含义。写出每个牌号的 1~2 个应用实例。

5-4 比较低合金钢、中合金钢、高合金钢、碳钢相互之间有什么不同和特点?

5-5 判断下列说法是否正确?如不正确,请更正。

(1) 由于 T13 钢中的 w_C 比 T8 高,故前者的强度比后者高。

(2) 合金碳化物能使钢的强度、硬度和耐磨性显著提高,同时也使韧性显著降低。

(3) Q395A 是指屈服点的值为 390MPa,质量等级为 A 级的低合金高强度钢。

(4) 60Si2Mn 的淬透性优于 60 钢,而二者淬硬性相同。

(5) Cr12 与 Cr17 均为合金工具钢,适宜制造冷作模具。

(6) ZGMn13 是铸钢,凡要求耐磨性好的零件都可选用这种钢。

(7) GCr15 是滚动轴承钢,钢中 w_{Cr} 为 15%,主要用来制造滚动轴承的内、外套圈。

(8) 大多数合金钢的热处理加热温度比相同 w_c 的碳钢高,并具有较高的回火稳定性。

(9) 40Cr 钢的最终热处理一般是淬火后进行中温回火,以获得具有良好综合力学性能的回火索氏体。

5-6 请选择下列工具材料:

(1) 板牙____,车刀____,冷冲模____,热挤压模____,医疗手术刀____。

a. 9SiCr; b. T12; c. W18Cr4V; d. 4CrW2Si; e. 4Cr13; f. 9Mn2V

(2) 制造冷冲压件宜选____钢,小弹簧宜选____钢。

a. 08F; b. 45; c. 65Mn; d. T12A

(3) 工具锉刀宜选____钢制造,凿子宜选____钢制造。

a. T8; b. T10A; c. T12; d. Q235

(4) 磨床主轴____,板弹簧____,滚珠____,汽车变速齿轮____。

a. Cr12; b. 1Cr18Ni9Ti; c. 40Cr; d. 20CrMnTi; e. GCr15; f. 60Si2Mn

(5) 坦克履带、挖掘机铲齿应选____钢制造较合适。

a. T7A；b. 20CrMnTi；c. 5CrMnTi；d. ZGMn13；e. 40Cr。

5-7 下列钢号中，哪些是合金渗碳钢？哪些是合金调质钢？

20；45Mn2；45；20CrMnTi；40Cr；1Cr13；30W4Cr2VA；35CrMo。

5-8 下列零件与工具，由于管理不善，造成钢材错用，问使用过程中会出现哪些问题？

（1）把 20 钢当作 60 钢制造弹簧。

（2）把 Q235B 钢当作 45 钢制造变速齿轮。

（3）把 30 钢当作 T7 钢制成大锤。

5-9 合金调质钢的 w_C 在 0.25% ~ 0.5% 之间，过低或过高好不好？为什么？

5-10 对量具钢有何要求？量具通常用何种最终热处理工艺？游标卡尺、千分尺、塞规、卡规、块规各采用何种材料较合适？

5-11 用 20CrMnTi 钢制作的汽车变速齿轮，拟改用 40 钢或 40Cr 钢经高频淬火，行不行？为什么？

5-12 现有 $\phi35mm \times 200mm$ 两根轴。一根为 20 钢，经 920℃ 渗碳后直接水淬及 180℃ 回火，表面硬度为 58 ~ 62HRC；另一根为 20CrMnTi 钢，经 920℃ 渗碳后直接油淬、-80℃ 深冷处理后 180℃ 回火，表面硬度 60 ~ 64HRC。试问两根轴的表层和心部组织与性能有何区别？并说明其原因。

5-13 为什么合金弹簧钢大多数的 $w_C \geq 0.50\%$？合金元素在钢中的主要作用是什么？

5-14 合金刃具钢制造的刃具为什么比碳素工具钢制造的刃具使用寿命长？

5-15 为什么钳工用的手锯条烧红后在空气中冷却会变软，而机用锯条烧红后（约 900℃）空冷，仍有高的硬度？

5-16 下列牌号的组织用什么热处理方法获得：

（1）40Cr 钢表面是回火马氏体，心部是回火索氏体。

（2）CrWMn 钢获得回火马氏体 + 碳化物。

（3）W18Cr4V 钢获得索氏体 + 碳化物。

5-17 冷冲模具钢所要求的性能与一般刃具钢有何差异？为什么尺寸较大、重载且要求耐磨和低变形的冷冲模具不宜用 9SiCr、9Mn2V 钢制造，而常用 Cr12MoV 钢制造？其淬火、回火温度如何确定？

5-18 试说明 5CrMnMo 钢、W18Cr4V 钢和 3Cr2W8V 钢的成分和特点。

5-19 奥氏体不锈钢和耐磨钢的热处理目的与一般钢的淬火目的有何不同？

5-20 耐热钢中常加入哪些合金元素？加入这些合金元素的钢为什么能耐热？

5-21 ZGMn13 钢为什么具有优良的耐磨性和良好的韧性？

5-22 何谓热强钢？常用的热强钢有哪几种？

5-23 某炼油厂需用一个精炼含稀硫酸石油产品的容器，其工作温度为427℃，要求 $\sigma_b \geqslant 483\text{MPa}$，$\delta \geqslant 15\%$，采用不锈钢制作，现有两种材料可供选择：1Cr25Ti 与 0Cr18Ni9Ti，问哪一种材料合适？说明理由(提示：从使用性能、工艺性能、成本费用等方面考虑)。

两种钢的成分、性能表

钢 种	化学成分(%)			力学性能(不小于)			
	w_C	w_{Cr}	w_{Ni}	σ_b/MPa	σ_s/MPa	$\delta(\%)$	$\psi(\%)$
1Cr25Ti	≤0.12	23~27	—	441	249	20	45
0Cr18Ni9Ti	≤0.08	17~19	8~10	539	196	40	55

5-24 说明下列牌号钢的名称？数字及符号的含义？主要用途各举 1~2 例。

Q235A.F、Q345、20CrMnTi、T10A、40Cr、ZGMn13、GCr15、60Si2Mn、W18Cr4V、1Cr13、9SiCr、Cr12、5CrNiMo、CrWMn、1Cr11MoV、3Cr18Ni25Si2、3Cr2W8V、W6Mo5Cr4V2。

5-25 下列说法是否正确？如不正确，请更正。

(1) 通过热处理可以改变灰铸铁的基体组织，故可以显著地提高力学性能。

(2) 铸铁中石墨的存在破坏了基体组织的连续性，所以，石墨在铸铁中是有害无益的。

(3) 灰口铸铁包括灰铸铁、球墨铸铁、可锻铸铁和蠕墨铸铁。

(4) 从灰铸铁的牌号上可以看出它的抗拉强度和冲击韧度值。

(5) QT400—18 是指 $\sigma_b = 400\text{MPa}$，$\delta = 1.8\%$ 的球墨铸铁。应用于受冲击、振动的零件，如汽车、拖拉机的轮毂、驱动桥壳、差速器壳等。

(6) 对于受力比较复杂，要求综合力学性能高的球墨铸铁件，可进行调质处理，以满足使用要求。

(7) 可锻铸铁是由一定成分的白口铸铁经长时间的石墨化退火后获得的。

(8) 磷元素对铸铁石墨化影响不大，且能提高铁液流动性，故铸铁中磷的含量一般不控制。

(9) 为提高灰铸铁的力学性能，生产中常采用孕育处理，那么向铁水中加入的孕育剂一定是稀土镁合金。

(10) 由于可锻铸铁生产周期长、工艺复杂等缺点，所以在实际应用中可以完全用球墨铸铁来代替可锻铸铁。

5-26 为什么一般机器的支架、机床床身及形状复杂的机体常采用灰铸铁制造。

5-27 为什么灰铸铁中的碳、硅的含量越高，其抗拉强度和硬度越低？

5-28 何谓合金铸铁？包括哪几种？与在相似条件使用的合金钢相比有什么

特点？

5-29 今有三块铸铁试样，其硬度分别为：170HBS、340HBS、48HRC，试分析三块试样的铸铁类型、金相组织特点。

5-30 同样形状和大小的三块铁碳合金，其中一块是低碳钢、一块是灰铸铁、一块是白口铸铁，用什么简便方法可迅速将它们区分开来？

5-31 生产中出现下列不正常现象，应采取什么有效措施予以防止或改善？
(1) 灰铸铁的磨床床身铸造以后立即进行切削，在切削加工后发生不允许的变形。
(2) 灰铸铁铸件薄壁处出现白口组织，造成切削加工困难。

5-32 下列铸铁件应选用哪种铸铁？写出铸铁牌号并说明理由。
车床床身、机床手轮、汽车发动机曲轴、缝纫机机架、污水管、自来水三通管件、大型变速齿轮、扳手、电机机壳。

5-33 下列牌号各表示什么铸铁？牌号中的字母和数字表示什么含义？主要用途各举 1～2 例。
HT200、QT600—3、KTH300—06、KTZ550—04

5-34 下列说法是否正确？如不正确，请更正。
(1) 纯铝通过冷变形强化可提高其强度，但塑性有所下降。
(2) 黄铜的强度与含锌量始终成正比关系，黄铜的塑性与含锌量一直成反比。
(3) T4、T7 都是纯铜，w_{Cu}分别为 96% 和 93%，广泛用于制造电线、电缆等。
(4) 滑动轴承合金的组织都是在软基体上分布着硬质点。
(5) 铸造铝合金中常有较多的共晶组织，熔点较低，故流动性好，可以浇注成各种形状复杂的铸件。

5-35 根据主要合金元素的不同，铸造铝合金分为哪几类？举例说明用途。

5-36 变形铝合金可分为哪几类？主要性能特点是什么？

5-37 简述铝合金热处理的特点。

5-38 普通黄铜的 w_{Zn} 为什么不大于 45%？

5-39 下列零件采用何种铝合金来制造？
(1) 火车车箱内食物桌上镶的金属框；(2) 飞机用铆钉；(3) 飞机大梁及起落架；(4) 发动机缸体及活塞；(5) 小电机壳体。

5-40 对滑动轴承有什么性能要求？常用滑动轴承合金有哪些？

5-41 汽缸体、风扇叶片、仪表、水泵壳体及形状复杂的薄壁零件，宜选什么合金材料？(a. 铝硅；b. 铝铜；c. 铝镁；d. 铝锌)

5-42 QSn4-3、QAl7、HPb59-1 和 ZSnSb11Cu6 材料中哪一种属锡青铜？用途

如何?

5-43 指出下列牌号(或代号)的具体名称,字母、数字的含义?主要用途各举 1~2 例。

5A05(LF5); 2A11(LY11); 7A04(LC4); 2A50(LD5); H62; ZQSnPb6-6-3; T3; ZL108; QA17; ZA1Si7Mg; ZA1Cu5Mn; ZCuZn31A12; QSn4-3; ZCuSn10Zn2; ZPb-Sb10Sn6; ZSnSb12Pb10Cu

第六章 非金属材料

6-1 解释下列名词：
单体；链节；分子链；链段；加聚；缩聚；均聚；共聚；聚合度；构型；构象；柔顺性；玻璃态；高弹态；粘流态；老化；热塑性；热固性。

6-2 什么是高分子材料？常用的高分子材料可分哪几类？简述高分子材料的力学性能、物理性能和化学性能特点。

6-3 列出组成大分子链的五种主要元素_____、_____、_____、_____、_____。

6-4 简述高分子链的结构特点，它们对高分子材料的性能有何影响？

6-5 高分子材料中，分子内的原子间结合键（主价力）为_____，而分子与分子之间的结合键（次价力）为_____；由于分子链非常长，次价力一般_____主价力，以至受力断裂时往往是_____先断开。

6-6 线型无定形高聚物的三种力学状态是_____、_____和_____，处于这三种状态时相应的基本运动单元分别是_____、_____与_____，它们相应是_____、_____和_____的使用状态。

6-7 膨胀系数最低的高分子化合物的形态是_____，较易获得晶态结构的高分子形态是_____（线型分子、支化型分子、体型分子）。

6-8 高分子材料受力被拉伸时的温度变化为_____（升高、降低、不变、不定）。高分子材料受力时，由键长的伸长所实现的弹性为_____，由链段的运动所实现的弹性为_____（普弹性、高弹性、粘弹性、受迫弹性）。

6-9 何谓玻璃化温度，它与聚合物的什么性能有关，主要受哪些因素影响，玻璃态的应用特点是什么？

6-10 何谓结晶度？影响结晶度的因素是什么？结晶度对高聚物性能有什么影响？

6-11 高分子化合物具有柔顺性的基本原因是什么？

6-12 塑料是由什么组成的？各种成分分别起什么作用？

6-13 试述常用工程塑料的种类、合成方法、性能特点及应用。

6-14 简述常用的塑料成型工艺。

6-15 橡胶为什么具有高弹性？

6-16 橡胶分哪两类？它们在性能方面有何差异？

6-17 试述常用合成橡胶的种类、性能特点及应用。

6-18 什么叫高聚物的改性？试述物理和化学改性的方法。

6-19 判断下列说法是否正确：

(1) 聚合物由单体合成，聚合物的成分就是单体的成分；分子链由链节构成，分子链的结构和成分就是链节的结构和成分。

(2) 高聚物的力学性能主要决定于其聚合度、结晶度和分子间力等。

(3) 高分子材料分子链中作为热运动单元的链段越短，则高分子链柔性越好。

(4) 塑料就是合成树脂。

(5) 固化后的酚醛塑料与聚乙烯塑料磨碎后都可以再用。

(6) 聚四氟乙烯的摩擦系数极低，在无润滑、少润滑的工作条件下是极好的耐磨减摩材料。

(7) 对塑料制品，通常希望玻璃化温度高些；对于橡胶制品，通常希望玻璃化温度低些。

(8) 高分子材料中有结晶体存在因而其熔点是一个固定的温度。

(9) 高聚物的分子量是可变的。

(10) 橡胶具有高弹态，是由于其大分子链中链段热运动的结果。

6-20 合成纤维的工艺状态为_____（晶态、玻璃态、高弹态、粘流态）。

6-21 简评作为工程材料的高分子材料的优缺点(与金属材料比较)。

6-22 用全塑料制造的零件有何优缺点？在设计塑料零件时，与金属相比，举出四种受限制的因素。

6-23 橡胶为什么可作减震制品？还有哪些材料可用来制作减震元件？

6-24 试解释发生下列现象的原因：

(1) 尼龙的蠕变在高温下更容易出现；

(2) 水龙头的橡胶垫片不再密封；

(3) 汽车加热器胶皮管时常发生破裂；

(4) 紧紧缠绕在某物体上的橡胶带，数月后即失去弹性并发生断裂。

6-25 解释下列名词：

陶瓷；玻璃；玻璃陶瓷(或微晶玻璃)；金属陶瓷；烧结；硅酸盐；陶瓷的热稳定性；刚玉陶瓷；氮化硅陶瓷；硬质合金。

6-26 什么是陶瓷？其主要类型有哪些？

6-27 传统陶瓷的原料组成是什么？说明它们各自的作用。

6-28 简述陶瓷材料的生产工艺过程。

6-29 陶瓷的组织由哪些相组成？它们对陶瓷的性能有什么影响？

6-30 陶瓷材料晶相的晶粒越细，其抗弯强度越_____。

6-31 简述陶瓷材料的力学性能、物理性能、化学性能。

6-32 陶瓷材料最主要的优越性能是其_____。

6-33 陶瓷材料中主要结合键是_____和_____，在高分子材料中则主要是_____和_____，因此两者的性能差别很大。

6-34 陶瓷材料性能上的优缺点是什么？

6-35 一般情况下，与金属材料相比陶瓷材料的弹性模量更_____，熔点更_____，脆性_____。

6-36 工程结构陶瓷有哪些？有什么应用？

6-37 结构陶瓷和功能陶瓷在性能上有何区别，主要表现在哪些方面？

6-38 简述粉末冶金的工艺过程。粉末冶金的应用主要有哪些方面？

6-39 氮化硅和氮化硼陶瓷在应用上有何异同？

6-40 赛纶陶瓷是指在 Si_3N_4 中添加一定数量的_____制成的新型陶瓷材料，它有许多优异的性能，如_____。

6-41 陶瓷材料的哪些性能较差？试说明原因并指出改善的方向。

6-42 简述作为高温结构材料使用的金属陶瓷的成分和组织。

6-43 为什么外界温度的急剧变化可以使许多陶瓷器件开裂或破碎？

6-44 可制备高温陶瓷的化合物有_____、_____、_____和_____。它们的结合键主要是_____和_____。

6-45 判断下列说法是否正确：

（1）有人说，用陶瓷的生产方法生产的制品都可称为陶瓷。

（2）氧化物陶瓷为密排结构，因为有强大的离子键，熔点和化学稳定性很高。

（3）玻璃是非晶态固体材料，没有各向异性现象。

（4）陶瓷材料的物理、化学性能主要决定于玻璃相。

（5）立方氮化硼(BN)硬度与金刚石相近，是金刚石很好的代用品。

（6）陶瓷材料中有晶相、固溶体相和气相共存。

（7）玻璃的结构是硅氧四面体在空间组成不规则网络的结构。

（8）陶瓷材料的强度都很高。

6-46 Al_2O_3 陶瓷材料可制作_____，Si_3N_4 陶瓷材料可制作_____，BN 陶瓷材料可以制作_____，SiC 陶瓷材料可以制作_____（坩埚、转子发动机叶片、刀具、高温绝缘件、火花塞、热电偶套管、高温轴承、火箭及导弹的导流罩）。

6-47 解释下列名词：

复合材料；纤维增强复合材料；颗粒增强复合材料；增强相；基体相；破断

安全性。

6-48 什么是复合材料？有哪几种类型？

6-49 复合材料的性能特点是什么？举出三个应用复合材料的实际例子。

6-50 试述复合材料的复合原理。

6-51 复合材料对基体有何要求？

6-52 纤维复合材料有何特点？

6-53 简述纤维增强机制。纤维增强复合材料中对纤维材料有哪些性能要求？

6-54 为什么纤维复合材料的断裂韧性比较高？

6-55 常用的增强纤维有哪些？比较它们的性能特点。

6-56 与纤维增强塑料相比，纤维增强金属在性能上有何特点？

6-57 颗粒增强复合材料的增强机制是什么？

6-58 颗粒增强复合材料中，颗粒相的直径为_____时增强效果最好。对于颗粒尺寸极细小且高度弥散均匀分布的弥散强化复合材料，其弥散粒子的尺寸应在_____范围。

6-59 纤维的增强效果通常比颗粒的增强效果好，例如，用排列整齐的 Al_2O_3 纤维增强的玻璃比用细小的 Al_2O_3 颗粒增强的玻璃硬得多。试说明道理。

6-60 弥散强化铝合金复合材料的增强机制是什么？其性能与时效强化铝合金有什么不同？为什么。

6-61 什么是叠层复合材料？为什么制作胶合板采用交叉木纹叠片工艺，而且用奇数层？

6-62 "硼纤维/环氧树脂"所代表的复合材料中，基体为_____，增强材料为_____。

6-63 判断下列说法是否正确：

（1）金属、陶瓷、聚合物可以相互组成复合材料，它们既可以作基体相，也可以作增强相。

（2）纤维与基体之间的结合强度越高越好。

（3）复合材料为了获得高的强度，其纤维的弹性模量必须很高。

（4）Kevlar 纤维增强塑料具有优良的疲劳抗力和减振性、抗拉强度高、延性和耐冲击性好。可用于制造飞机机身、快艇、火箭发动机外壳等。

（5）石墨纤维不但可以增强铝基或镍基合金，而且可以增强铁基合金。

（6）氧化铝纤维环氧树脂基复合材料和氧化铝铜基复合材料在等应变状态下承载，前者比后者所需纤维可少些。

（7）玻璃钢是一种硬而脆的钢铁材料。

（8）陶瓷材料经过纤维或颗粒增强处理后，不仅可以提高其强度和弹性模量，更重要的是它能明显提高陶瓷材料的韧性。

6-64　玻璃钢也称_____，基体为_____，增强材料是_____，按照基体的性质可分为_____和_____。

6-65　硬质合金(WC—Co)是_____复合材料，其中增强相为_____，基体为_____；它的性能特点是_____，可以用作_____。

6-66　汽车轮胎是一种_____制品，对其增强材料的要求是_____，可以使用_____等材料。

6-67　车辆车身可用_____制造，火箭机架可用_____制造，直升机螺旋桨叶可用_____制造(碳纤维树脂复合材料、热固性玻璃钢、硼纤维树脂复合材料)。

6-68　为什么复合材料的疲劳性能较好？

6-69　某厂接受100个40CrMnMo材料的零件加工任务。如采用普通高速钢铣刀加工，每个零件的实际切削时间为1h。工艺员提议购买合适的碳化钨硬质合金铣刀，这样每个零件的实际切削时间将不超过25min。车间主任不认同这种估计，他不打算将4500元花在也许今后不再使用的硬质合金铣刀上。假设包括工资在内的机器运转费为每小时300元，试问碳化钨硬质合金刀具能否满足加工要求，可否进行高速切削？这两种加工方案哪种更为合理？

6-70　试比较金属材料、高分子材料、陶瓷材料及复合材料的性能特点。

6-71　塑料王、电木、电玉、有机玻璃、玻璃钢、金属陶瓷、硼纤维/铝分别指什么材料？有何用途？

6-72　哪些材料适宜作隔热材料？哪些材料适宜作绝缘材料？哪些材料适宜作高温结构材料？

第七章 常用机械工程材料的选用

7-1 什么是失效？零件有哪几种不同程度的失效？

7-2 零件的三种基本的失效方式是什么？各表现出什么特点？

7-3 什么是过量弹性变形失效？什么是过量塑性变形失效？怎么预防？

7-4 零件在高温下的失效与疲劳载荷及室温静载作用下的失效有什么异同？

7-5 选择下列具体的失效形式所属的失效类型：弹性失稳属于_____的失效，热疲劳属于_____的失效，接触疲劳属于_____的失效，应力腐蚀属于_____的失效，蠕变属于_____的失效。

（变形类型，断裂类型，表面损伤类型）

7-6 简述引起零件失效的原因。

7-7 "某工厂某年发生一汽轮机叶片飞出的严重事故。该汽轮机由多段转子组成。检查发现，飞出叶片转子的槽发生了明显的变形，而未飞出叶片的转子的槽没有变形。因此可以断定，失效转子的钢材用错了。"，这一说法正确吗？为什么？

7-8 某化肥厂由国外进口30万t氨合成塔，在吊装时吊耳与塔体连接的12个螺栓全部突然断裂。经化验，螺栓材料为与热轧20钢相近的碳钢，强度不高。引起这一事故的原因可能是_____中的不当，失效形式属于_____。

（设计，加工，选材，安装使用；塑性断裂，脆性断裂，疲劳断裂，蠕变断裂）

7-9 图 2-7-1 为 W18Cr4V 钢制的螺母冲头，使用中从 A 处断裂。经检查不存在材料和热处理方面的问题，请分析引起失效的原因，应作什么改进？

7-10 一轴尺寸为 30mm×200mm，要求摩擦部分表面硬度为 50～55HRC。现用 30 钢制作，采用高频感应加热表面淬火（水冷）和低温回火处理。但在使用过程中发现摩擦部分严重磨损，试分析失效原因并提出解决问题的方法。

7-11 某工厂用 T10 钢制造钻头，给一批铸件打 10mm 的深孔，但打几个孔后钻头即很快磨损。据检验，钻头的材质、热处理、金相组织和硬度都合格。问失效的原因和解决问题的方案。

7-12 进行失效分析时常用的试验方法有哪些？其主要目的是什

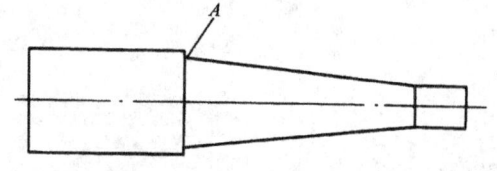

图 2-7-1 螺母冲头示意图

么？

7-13 设计人员在选材时应考虑什么原则？如何才能做到合理选材？

7-14 写出下列符号所代表的力学性能指标的名称：σ_b _____ σ_s _____ δ _____ ψ _____ α_K _____ HB _____ K_{IC} _____ σ_{-1} _____ E _____ 。其中可直接用于定量选材计算的力学性能指标有 _____ 等，只能间接用于评估所选材料安全性的力学性能指标是 _____ 等。

7-15 弹性失稳失效的选材指标为 _____ ，过量塑性变形失效的选材指标为 _____ 。

7-16 在选择材料力学性能数据时应注意什么？

7-17 机器零件或试样的尺寸越大，在相同的热处理条件下力学性能越低，此即所谓尺寸效应。请解释其原因。

7-18 机器零件的图样上，在标题栏中注明材料的同时，常在适当的地方注明其热处理技术条件，包括热处理的工艺和要求达到的硬度（例如，调质处理，硬度 220~240HBS）。请问这是什么意思，有什么根据？

7-19 有一根轴向尺寸很大的轴，在 500℃ 下工作，承受交变扭转载荷与交变弯曲载荷，轴颈处承受摩擦力和接触压应力。试分析此轴的失效方式可能有哪几种？设计时需要考核哪几个力学性能指标？

7-20 零件设计不当对热处理工艺带来哪些危害？并举例说明之。

7-21 为了避免零件热处理时发生变形或断裂失效，结构的设计要合理。按这一要求选择的设计方案应为图 2-7-2 中的哪一个？

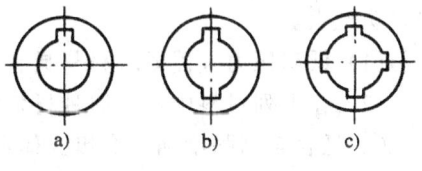

图 2-7-2 几种结构设计方案
a) 不对称 b) 较对称 c) 对称

7-22 零件的切削加工性与热处理后的硬度、组织有何关系？

7-23 怎样从冷加工方面采取措施减少零件热处理时的变形和防止开裂？

7-24 钢的淬透性对钢的力学性能有何影响？在设计和选材时如何考虑钢的淬透性？

7-25 为什么零件图样上，一般都以硬度作为主要的热处理技术条件？

7-26 为什么在蜗杆传动中，蜗杆需采用低碳钢或中碳钢制造，而蜗轮则采用较软的青铜制造？

7-27 分别从以下两组热处理方法中选择一种填入空白处：为改善低、中碳结构钢的切削加工性能应选用 _____ ；改善过共析碳钢和高碳高合金工具钢的切削加工性能应选用 _____ 。

（淬火，正火，回火，等温淬火）

(淬火+低温回火,扩散退火,正火+球化退火,再结晶退火)

7-28 以下几种说法是否正确,为什么?

(1) 武汉长江大桥用 Q235 钢建造,虽 16Mn 钢比 Q235 钢贵,但南京长江大桥采用 16Mn 钢是符合选材的经济性原则的。

(2) 只要零件尺寸和处理条件相同,手册中给出的数据是可以采用的。

(3) 火箭发动机壳体选用某超高强度钢制造,总是发生脆断,所以应该选用强度更高的钢材。

7-29 用旋具拧动螺丝时头部常以磨损、卷刃或崩刃的形式失效,而杆部承受较大的扭转和轴向弯曲应力。所以头部应有较高的硬度,杆部应有较高的刚度和屈服强度,并且都要有一定的韧性(以免断裂)。旋具把直径较大(为了省力),主要要求重量轻,绝缘性能好,与旋具杆能牢固地结合,外观漂亮。因此,旋具杆材料应选用_____,头部进行_____处理,杆部进行_____处理,旋具把材料应选用_____。

(高碳钢,低碳钢,中碳钢,塑料,橡胶,木料;淬火,正火,调质,退火)

7-30 在交变应力作用下工作的零件其选材指标为_____,工程材料中以_____的疲劳强度最高,多选用_____材料制造抗疲劳的零构件。

(σ_b, σ_s, σ_{-1}, K_{IC};金属,聚合物,陶瓷)

7-31 今有一贮存液化气的压力容器,工作温度 -196℃,试回答以下问题并说明理由。

(1) 低温压力容器要求材料具有哪些力学性能?

(2) 在下列材料中选择何种材料较合适?

① 低合金高强度钢 ②奥氏体不锈钢 ③形变铝合金 ④冷加工黄铜 ⑤钛合金 ⑥工程塑料

7-32 下列零件采用什么方法制造毛坯比较合理:

(1) 形状复杂的要求减震的大型机座;

(2) 大批量生产的重载中、小型齿轮;

(3) 薄壁杯状的低碳钢零件;

(4) 形状复杂的铝合金构件。

7-33 说明机械零件选材时的原则、一般方法和步骤。

7-34 当齿轮尺寸较大(分度圆直径 $d > 400 \sim 600$mm),而轮坯形状又复杂,不宜锻造时,应选用_____材料。低速无冲击并在缺乏润滑油的条件下工作的齿轮应选用_____。当齿轮承受较大的载荷,要求坚硬的齿面和强韧的齿心时应选用_____钢,采用_____热处理方法。汽车、拖拉机齿轮应选用_____钢,采用_____热处理方法。

7-35 机床轻载主轴,载荷小、冲击载荷不大,轴颈磨损也不大,应选_____

钢,采用_____热处理方法。机床中载主轴,载荷中等、磨损较严重,应选用_____钢,采用_____热处理方法。机床重载主轴,载荷大,磨损及冲击都严重,应选用_____钢,采用_____热处理方法。

7-36 精密镗床主轴,载荷大、精度要求非常高以及热处理后变形应很小,应选用_____钢,采用_____热处理方法。中型载重汽车半轴应选用_____钢,采用_____热处理方法。

7-37 C618 机床变速箱齿轮工作转速较高,性能要求:齿的表面硬度为 50～56HRC,齿心部硬度为 22～25HRC,整体强度 $\sigma_b = 760 \sim 800$MPa,整体韧性 $\alpha_k = 40 \sim 60$J/cm^2。应选_____钢并进行_____处理。

(35,45,20CrMnTi,38CrMoAl,0Cr18Ni9Ti,T12)

(调质+氮化,水淬,回火,调质,淬火+低温回火,渗碳+淬火+低温回火)

7-38 有一轴类零件,工作中主要承受交变弯曲应力和交变扭转应力;同时还受到振动和冲击,轴颈部分还受到磨擦磨损。该轴直径 30mm,选用 45 钢制造。

① 试拟订该零件的加工工艺路线;
② 说明每项热处理工艺的作用;
③ 试述轴颈部分从表面到心部的组织变化。

7-39 判断以下几条工艺路线是否正确:

(1) 用 20CrMnTi 钢制造的载重汽车变速箱齿轮:下料→锻造→渗碳→预冷淬火→高温回火→机加工→正火→喷丸→磨齿。

(2) 用 45 钢制造的 C618 机床变速箱齿轮:下料→锻造→正火→粗加工→调质→精加工→高频淬火→低温回火→精磨。

(3) 用 T12 钢制造的钢锉,硬度要求 60～64HRC:热轧钢板下料→机加工→球化退火→正火→淬火→低温回火→校直。

7-40 一重要螺栓起联接紧固作用,工作时主要承受拉力。要求整个截面有足够的抗拉强度、屈服强度、疲劳强度和一定的冲击韧性。

① 试选用何种材料,选用该材料理由是什么?
② 试制订该零件的加工工艺路线。
③ 说明每项热处理工艺的作用和得到什么组织?

7-41 "用低碳钢制造的齿轮,不经表面处理和化学处理,其齿面硬度可达58～60HRC",该说法正确吗?为什么?

7-42 车床主轴要求轴颈部位的硬度为 56～58HRC,其余地方为 20～24HRC,其加工工艺路线如下:

锻造→正火→机加工→轴颈表面淬火→低温回火→磨加工。请说明:

(1) 车床主轴应选用何种材料;

(2) 正火的目的和大致的热处理工艺；

(3) 表面淬火的目的和大致的热处理工艺；

(4) 低温回火的目的和大致的热处理工艺；

(5) 轴颈表面的组织和其余地方的组织。

7-43 用40Cr钢制造模数为3mm的齿轮，其工艺路线为：下料(棒料)→锻造毛坯→正火→粗加工→调质→精加工→表面淬火→低温回火→粗磨。

请说明正火、调质、表面淬火和低温回火等热处理工艺的目的，工艺条件(只要求写明加热条件及冷却方法,不要求具体温度)和组织。

7-44 某汽车齿轮选用20CrMnTi制作，其工艺路线如下：

下料→锻造→正火①→切削加工→渗碳②、淬火③、低温回火④→喷丸→磨削加工

请回答上述工艺路线中①、②、③和④的热处理工艺的目的及工艺。

7-45 某种型号的柴油机的凸轮轴，性能要求如下：凸轮表面具有高硬度(> 50 HRC)，而心部 $A_k > 40J$ ($\alpha_K > 50J/cm^2$)。原来采用45钢调质处理后再对凸轮表面进行高频淬火，最后低温回火。现因库存45钢用完，只有15钢。现改用15钢，应采用何种热处理才能达到凸轮轴的性能要求。

7-46 对某柴油机曲轴的技术要求如下：$\sigma_b \geq 650MPa$，$\alpha_K \geq 15J/cm^2$，轴的硬度为240~300HBS，轴颈硬度≤55HRC，试合理选择材料，制定生产工艺路线和各热处理工序的工艺规范。

7-47 机器零件一般都用结构钢制造，但某些零件选用工具钢也能获得良好的使用性能。试举例说明哪些零件可选用工具钢制造，为什么？

7-48 从T8、9SiCr、W18Cr4V及65Mn中选用一种钢制作木工刀具，说明理由，并写出工艺流程。

7-49 指出下列牌号的金属材料各属哪一类？并各举一应用实例。

5CrNiMo, QT600—3, 16Mn, GCr15, H70, HT300, 20CrMnTi, W6Mo5Cr4V2, 40Cr, 45, 1Cr18Ni9Ti, 60Si2Mn, T12, 9SiCr, ZGMn13—1

7-50 选择以下零件常用的材料：机床导轨通常选用_____(铸钢,灰铸铁,白口铸铁,球墨铸铁)，机床床身材料应选用_____(球墨铸铁,麻口铸铁,白口铸铁,灰铸铁)，工作条件繁重的连杆螺栓，要求高强度和高的冲击韧性，应选用_____(40Cr,45,5CrNiMo,60Si2Mn)，汽轮机叶片所用材料应是_____(1Cr13,40Cr,65Mn,W18Cr4V)，木工工具应选用_____(9SiCr,T8,W18Cr4V,Cr12)。

7-51 从所给出的材料中，选定以下汽车零件适用的钢材，并说明其热处理方法，或使用状态：20CrMnTi，W18Cr4V、HT200、16Mn、40Cr、1Cr18Ni9Ti、65Mn。

零件名称	适用材料	热处理方法或使用状态
半　　轴		
发动机缸体		
气门弹簧		
后桥齿轮		
底盘纵梁		

7-52　JN—150型载重汽车(载重量为8t)变速箱中的第二轴二、三档齿轮要求心部抗拉强度 $\sigma_b \geqslant 1100$ MPa，冲击韧度 $\alpha_K = 70$ J/cm^2；齿表面硬度 $\geqslant 58 \sim 60$ HRC，心部硬度 $\geqslant 33 \sim 35$ HRC，试合理选择材料、制定生产工艺流程及各热处理工序的工艺规范。

7-53　试根据下列使用条件和对性能的要求指出应选用的材料、热处理方法和金相组织。

(1) 不需润滑的低速无冲击齿轮；

(2) 受中等载荷($\sigma_b \geqslant 400$ MPa)，在蒸汽及海水腐蚀条件下工作的齿轮，要求硬度不小于100HBS。

(3) 受中等载荷($\sigma_b \geqslant 500$ MPa)，高速、受冲击、模数小于5mm的机床齿轮。

(4) 受重载($\sigma_b \geqslant 800$ MPa)、高速、要求热处理变形小的齿轮，齿面硬度为 $65 \sim 66$ HRC。

(5) 坐标镗床主轴，要求表面硬度 $\geqslant 850$ HV，心部硬度为 $260 \sim 280$ HBS，在滑动轴承内工作，精度要求极高。

7-54　试选择一般功率、中等速度的内燃机曲轴轴颈轴承和连杆轴承的合金牌号，指出其金相组织和力学性能。能否选用GCr15钢制造？为什么？

7-55　选用两种塑料制造中等载荷的齿轮，说明选材的依据。

7-56　分析汽车上所用零件材料。说明哪些是用碳钢、合金钢、铸铁和有色金属制成，各举出两种零件名称。它们都采用何种热处理方法？哪些零件是用塑料制成的？

第八章 新材料和新工艺

8-1 什么是功能材料？

8-2 指出功能材料有哪些主要特点。

8-3 功能材料有哪些主要的类型？

8-4 什么是形状记忆合金？

8-5 什么是材料记忆效应？简述其基本原理。

8-6 举例说明形状记忆合金的主要应用领域。

8-7 简述 TiNi、铜基和铁基形状记忆合金的性能特点以及在工业中的主要应用。

8-8 什么是膨胀材料？常用的膨胀材料有哪些类型？

8-9 如何评价材料的膨胀特性？

8-10 举例说明膨胀材料的应用。

8-11 什么是减振合金？

8-12 指出减振合金的主要类别和特点。

8-13 举例说明减振合金在工业生产中的应用。

8-14 什么是金属间化合物？

8-15 金属间化合物的主要性能特点是什么？

8-16 金属化合物主要应用在什么场合？

8-17 具体分析说明下列金属间化合的结构、性能特点、存在的主要问题以及提高途径：

Ni_3Al； $NiAl$； Ti_3Al； $TiAl$。

8-18 什么是材料的超塑性？

8-19 超塑性材料有哪几种主要类型？

8-20 举例说明超塑性材料的应用。

8-21 什么是非晶态合金？

8-22 非晶态合金的结构特征是什么？

8-23 根据合金成分的不同，可将非晶态合金分为哪几类？

8-24 非晶态合金有哪些特殊的性能特点？

8-25 简述非晶态合金的主要制备方法。

8-26 非晶态合金能否进行晶化？为什么？

8-27 什么是梯度功能材料？

8-28 梯度功能材料有哪些特殊性能？
8-29 简述梯度功能材料的主要应用领域。
8-30 如何制备梯度功能材料？
8-31 什么是纳米材料？
8-32 常用制备纳米微粒的方法有哪些？各有什么特点？主要用于什么场合？
8-33 举例说明纳米材料的应用。
8-34 简述发展贮氢材料的意义。
8-35 常用贮氢材料有哪些？各有什么特点？
8-36 目前有哪些制备贮氢材料的方法？各有什么特点？

参 考 文 献

1 马中全主编.金属工艺学实习实验及综合练习.北京：高等教育出版社，2001
2 许德珠，司乃钧主编.金属工艺学.北京：高等教育出版社，2001
3 田柏龄主编.金工实验.北京：高等教育出版社，1997
4 郁兆昌主编.金属工艺学.北京：高等教育出版社，2001
5 林昭淑主编.金属学与热处理实验(修订版).长沙：湖南大学出版社，1996
6 高家诚，张廷楷主编.工程材料学习指南及习题库.重庆：重庆大学出版社，1999
7 郑明新，朱张校等编.工程材料习题与辅导.北京：清华大学出版社，1993
8 何明，赵文英主编.金属学原理实验.北京：机械工业出版社，1990
9 王守朴主编.金相分析基础.北京：机械工业出版社，1989
10 史美堂，柏斯森主编.金属材料及热处理习题集与实验指导书.上海：上海科学技术出版社，1998
11 刘世荣主编.金属学与热处理.北京：机械工业出版社，1992